民航配载与平衡

主 编 ◎ 黄春新　王金涛

Weight and Balance for Civil Aircraft

清华大学出版社
北京

内 容 简 介

本书以民航配载与平衡工作为核心，基于其在航班运行控制和货机运行中的重要地位，对民航配载与平衡流程进行了详细梳理和总结。本书对相应的力学原理及操作流程均进行了深入浅出的解读，便于读者在理解原理的基础上掌握相应操作流程。本书的内容以配载与平衡工作的业务模块为主。全书共分为六章，分别为绪论、实际业载配算、货运装载、飞机的重心与平衡、载重平衡图表及业务电报、计算机配载与平衡。书中内容涵盖了配载与平衡工作的各个方面。

本书既可作为高等院校民航运输、民航管理、航空服务等相关专业的课程教材，也可作为飞行签派员、航班配载平衡人员及航空承运人一线工作人员的业务培训教材，还可供民航业人士自学使用。

本书封面贴有清华大学出版社防伪标签，无标签者不得销售。
版权所有，侵权必究。举报：010-62782989，beiqinquan@tup.tsinghua.edu.cn。

图书在版编目（CIP）数据

民航配载与平衡 / 黄春新，王金涛主编. — 北京：清华大学出版社，2023.9(2025.1重印)
ISBN 978-7-302-64645-7

Ⅰ.①民… Ⅱ.①黄… ②王… Ⅲ.①民用飞机－飞行载荷 Ⅳ.①V215.1

中国国家版本馆 CIP 数据核字（2023）第 168806 号

责任编辑：杜春杰
封面设计：刘　超
版式设计：文森时代
责任校对：马军令
责任印制：刘海龙

出版发行：清华大学出版社
　　　网　　址：https://www.tup.com.cn, https://www.wqxuetang.com
　　　地　　址：北京清华大学学研大厦A座　　邮　　编：100084
　　　社 总 机：010-83470000　　　　　　　　邮　　购：010-62786544
　　　投稿与读者服务：010-62776969, c-service@tup.tsinghua.edu.cn
　　　质量反馈：010-62772015, zhiliang@tup.tsinghua.edu.cn
印 装 者：三河市君旺印务有限公司
经　　销：全国新华书店
开　　本：185mm×260mm　　印　张：8　　字　数：198千字
版　　次：2023年9月第1版　　　　　　　　印　次：2025年1月第2次印刷
定　　价：39.80元

产品编号：082377-01

前　言

民航配载与平衡工作在航班运行控制和货机运行中都占有重要地位，其关乎飞行的安全性和经济性。本书结合编者在教学中的经验和在航空公司的资源与实践经验，对民航配载与平衡流程进行了梳理和总结。全书共分为六章，分别为绪论、实际业载配算、货运装载、飞机的重心与平衡、载重平衡图表及业务电报、计算机配载与平衡。

本书既可作为高等院校民航运输、民航管理、航空服务等相关专业的课程教材，也可作为飞行签派员、航班配载平衡人员及航空承运人一线工作人员的业务培训教材，还可供民航业人士自学使用。

全书共六章，由沈阳航空航天大学王金涛老师编写第一章至第三章，沈阳航空航天大学黄春新老师编写第四章至第六章，全书由黄春新老师负责统稿。王益友教授担任本书的主审，从本书的结构到内容的编排，王益友教授都提出了宝贵的意见。

本书在编写过程中参考了同类教材、文献等资料。考虑到读者在民航类专业学习过程中很可能已经进修过民航概论、飞行原理等基础课程，因此本书对飞机的发展历史、飞机的结构及功能、飞行原理等未做详细阐述。

在此感谢业界同人的成果，本书的参考文献虽已列明，但恐挂一漏万，先表歉意。配载与平衡的相关教材、文献、承运人运行手册以及中国民航信息网络股份有限公司的操作手册等，都是本书的重要参考资料，编者在此向相关作者致以诚挚的谢意。中国民航大学的研究生张泽宇同学在参考资料的收集和整理过程中，做了大量工作，一并表示感谢。

由于编者水平有限，书中疏失之处在所难免，恳请业内专家和广大读者不吝赐教、批评指正。

编者

2023 年 3 月

CONTENTS 目录

第一章 绪论 ·· 1

第一节　飞机载重与平衡的重要性 ···································· 2
第二节　配载与平衡的力学基础 ······································· 3
　　一、力学原理 ··· 3
　　二、合力矩定理及重量术语 ···································· 4

第二章 实际业载配算 ·· 12

第一节　航班配载流程 ·· 13
　　一、配载的步骤 ··· 13
　　二、业载的预配和结算 ··· 14
　　三、航班配载主要业务单据 ··································· 17
第二节　航班配载需要考虑的问题 ··································· 17
第三节　各航段航班业载分配 ·· 18
　　一、各航段业载分配的原则 ··································· 18
　　二、各航段业载分配的方法 ··································· 21
第四节　多航段航班配载及航班超载处理 ·························· 29
　　一、多航段航班始发站的预配和结算 ······················· 29
　　二、多航段航班经停站的预配和结算 ······················· 30
　　三、航班超载处理 ··· 32

第三章　货运装载 ……………………………………………… 34

第一节　货舱状态及限制条件 ………………………………………… 35
　　一、飞机的舱位布局 ……………………………………………… 35
　　二、飞机货舱布局 ………………………………………………… 37
第二节　货运装载规定与集装货物装载 ……………………………… 37
　　一、装载货物的一般规则 ………………………………………… 37
　　二、货物在不同装载位置的附加限制 …………………………… 38
　　三、集装货物装载 ………………………………………………… 39
　　四、特种货物装载 ………………………………………………… 46
　　五、装载通知单 …………………………………………………… 59

第四章　飞机的重心与平衡 ……………………………………… 64

第一节　飞机的重心和机体轴 ………………………………………… 65
　　一、飞机的重心 …………………………………………………… 65
　　二、飞机的机体轴 ………………………………………………… 66
第二节　飞机的平衡 …………………………………………………… 66
　　一、俯仰平衡 ……………………………………………………… 66
　　二、横侧平衡 ……………………………………………………… 67
　　三、方向平衡 ……………………………………………………… 68
第三节　飞机的稳定性 ………………………………………………… 68
　　一、飞机的纵向稳定性 …………………………………………… 69
　　二、飞机的方向稳定性 …………………………………………… 69
　　三、飞机的横向稳定性 …………………………………………… 71
第四节　飞机的操纵性 ………………………………………………… 72
　　一、操纵的基本要求 ……………………………………………… 72
　　二、操纵的原理及实施 …………………………………………… 73
第五节　飞机重心位置计算 …………………………………………… 73

一、代数法 ··· 74

　　　二、站位法 ··· 74

　　　三、指数法 ··· 75

　　　四、平衡图表法 ·· 76

　第六节　装载移动或增减后的重心位置 ································ 76

　　　一、装载移动后的重心位置计算 ··································· 76

　　　二、装载增减后的重心位置计算 ··································· 77

第五章　载重平衡图表及业务电报 ································ 78

　第一节　航班平衡操作程序 ·· 79

　　　一、载重平衡的基本要求 ··· 79

　　　二、国内航班载重平衡的操作流程 ······························· 79

　　　三、国际及地区航班载重平衡工作程序 ······················· 84

　　　四、平衡员航后工作程序 ··· 85

　　　五、航班不正常工作的操作程序 ·································· 85

　第二节　重心包线图与指数 ·· 86

　　　一、重心包线图 ·· 86

　　　二、指数 ·· 87

　　　三、起飞配平的基本原理 ··· 89

　第三节　载重平衡图表的介绍及使用 ··································· 90

　　　一、载重表 ·· 90

　　　二、平衡图 ·· 94

　　　三、载重平衡图表绘制 ·· 100

　第四节　业务电报 ·· 101

　　　一、一般规定 ··· 101

　　　二、载重电报 ··· 102

　　　三、集装箱板布局报 ··· 103

　　　四、航空公司和机场各部门二字代码 ·························· 104

第六章　计算机配载与平衡 107

第一节　计算机离港系统介绍 108
第二节　配载与平衡离港指令及示例 109
　　一、航班控制 109
　　二、SI 114
　　三、ECARGO 115
　　四、EZFW 115
　　五、DOW 115
　　六、CARGO_R 116
　　七、FUEL 116
　　八、DL_LIR 116
　　九、C_LS 117
　　十、OTH_MSG 118

参考文献 120

第一章

绪 论

本章学习目标

1. 飞机载重与平衡的重要性。
2. 飞机的力学原理。
3. 飞机的基本重量。
4. 飞机的最大起飞重量、最大滑行重量。
5. 飞机的燃油重量、最大无燃油重量。
6. 飞机的最大着陆重量、最大业载。

第一节　飞机载重与平衡的重要性

当我们要乘坐飞机时，通常都需要提前 40 min，甚至更长的时间去办理登机手续。那么这段时间有什么作用呢？坐飞机不能像坐火车那样随到随走吗？其实，这段时间对于乘客和航班来说都是很重要的。首先，乘客在办理完登机手续之后需要通过安检，进入隔离区后需要寻找对应的登机位（大型机场的登机口通常距离较远），这些都是需要耗费时间的。其次，对于航空公司来说，这段时间也很宝贵，他们需要把行李运送到飞机上。此外，其更重要的一项工作就是对飞机进行载重平衡的计算和配平，即飞机配载。

飞机配载是飞机在运营过程中每一架次的载重与平衡的配算，根据飞机重心的特点及有关的技术数据合理、科学地安排飞机上的旅客、行李、货物、邮件的位置，使飞机实际起飞重量的重心、无油重量的重心及着陆重量的重心处于许可的范围内，从而保证飞机安全、经济地抵达目的地。

任何一种交通运输工具，由于自身结构强度、客货舱容积、运行条件及运行环境等原因，都必须有最大装载量的限制。飞机是在空中飞行的运输工具，要求具有更高的可靠性、安全性以及更好的平衡状态，而装载量和装载位置是直接影响飞行安全和飞机平衡的重要因素。因此，严格限制飞机的最大装载量具有非常重要的意义。

货运飞机及货运定期飞行航线最早于 1911 年出现，至今已过去 100 多年。在这期间，航空货物运输的发展非常迅速。初期由于航空运费昂贵，只有极其贵重、精密和时间要求紧迫的货物才交由航空运输，而现在航空货物运输服务基本上可以囊括各种物品，如光学仪器、电器设备、印刷品、饰品、有机化学品、机械零件、药物、服装等。

虽然全球贸易运输量中航空货运所占的比例较少，但由于空运的货物一般是高附加值产品，其运送的货物总价值占全球贸易货运总值的比例非常可观，因而航空货运在现代综合运输系统中发挥着必不可少的作用。航空货运是有效而富有潜力的"朝阳产业"，其快速、准确、安全的特点受到越来越多的货主青睐，同时航空货运相对于航空客运受经济发展波动的影响较小，越来越多的航空公司将更多的精力投放于货运市场，航空货运已成为中国民航新的经济增长点。以前航空公司一直把航空货运放于次要的地位，随着形势的变化，航空货运逐步得到重视。

以 2004 年 6 月 1 日《关于加快发展国内航空货运若干政策措施的意见》的颁布实施为标志，民航总局对航空货运市场施行进一步开放，拓宽了市场准入门槛，鼓励全货运航空公司的成立，对国内货运航线也进行了调整，同时对航班的监管也在一定程度上有了变化，其审批管理办法得到了进一步改革，使得航空运输企业拥有更多的自主权，运营方面的阻碍大幅降低，民营资本与外国资本纷纷进入我国航空货运领域。2009年9月21日，中国民用航空局（简称"民航局"）公布的《关于进一步促进航空货运发展的政策措施》，充分表明了政府发展航空货运的决心。民航局表示会协调邮政、海关等部门，加快货运绿色通道建设的步伐，促进货物通关效率的提高；并且政府创造了良好的环境以为航空货运的发展服务，还将组织构建航空货物运输管理系统，提高集机场、航空公司、空管于一体的整体服务能力。从世界航空货运行业角度来看，目前中国航空货运业在全球的市场占有率还比较低，未来发展潜力很大，中国航空货运业经过多年的建设和发展已初具规模，基本形成了货运舱位、专业人员、地面设施、货运代理和管理规章为一体的航空货运体系。今后亚太地区的货运行业将是发展最快的，作为亚太地区航空货运发展的热点，中国航空货运业的发展前景被国内外的航空公司所看好。

航空货运是利用货机或者客机腹舱和地面的机场、导航设备，在规定的航路上进行飞行，来实现货物的空间位移。货主或者货运代理首先到航空公司预定舱位，舱位确定后，在航班起飞之前的一段时间内将货物运送至机场货站进行货物的飞机装载工作。货物装载操作主要发生在出港流程中，根据货物提交方式的不同，可将货物分为散货（特种货）和集装货物（ULD货），这两种货物的处理流程并不相同。散货在经过安检、称重后，需要根据货物运输的目的地对货物进行整理，将同一个航班的货物装入集装箱或者用货网进行固定的集装板，暂时存储后等待进入装载阶段。集装货物是集装器整体交接，通常情况下经过安检、称重、暂存后，集装货物就可以直接进入装载阶段。装载时若没有采用科学的方法进行布局优化，将很难保证飞机集装器空间的合理运用，会造成装载混乱，甚至导致飞机延误。因此，采用合理的装载方法能够提高货物装载的效率和飞机货舱的空间利用率，从而降低航空运输成本、增加货运收益。

飞机的最大装载量受飞机设计制造者规定的飞机最大起飞重量、最大着陆重量、最大无油重量的限制，以及飞机的基本重量、起飞油量、航段耗油量、飞机的最大业务载重量（简称"最大业载"）限额等因素的制约。由于飞机在运营过程中其装载的货物、人数和货物体积的变化，采用手工计算的方式来确定和检测配载是否合理在实际中具有很大的缺陷，这种缺陷包括不能确定准确程度是否在有效范围内，不能快速有效地重复计算以适应运营的需要。使用计算机软件采用与手工计算相同的方法来代替人工计算，能做到更加迅速、快捷、准确、安全，同时减少了手工操作的失误。

第二节 配载与平衡的力学基础

一、力学原理

固定翼飞机的机体由机身、机翼、尾翼和起落架四个主要部件组成，如图1-1所示。机体各部件由多种材料组成，并通过铆钉、螺栓、螺钉、焊接或胶结而连接起来。飞机各部件由不同构件构成，各构件被用于传递载荷或承受应力。在飞机飞行的过程中，作用于飞机上的载荷主要有飞机的重力、升力、阻力和发动机推力。在不同的飞行状态下，各载荷会有不同的变化。当飞机受到不稳定气流的影响时，飞机的升力会发生很大变化。当飞机着陆接地时，飞机除了承受上述载荷，还要承受地面撞击力。在飞机承受的各种载荷中，升力和地面撞击力对飞机的影响最大。

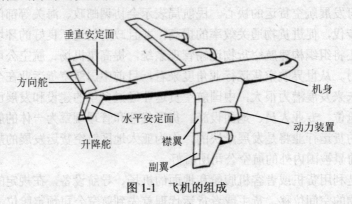

图1-1　飞机的组成

1. 基准面

基准面是飞机处于平飞姿态时，为考虑平衡问题所选取的假想垂直面，而全部水平距离都是相对于该基准面测量的。它是一个垂直于纵轴的平面。每一种飞机成品的设备、油箱、行李间、座位、发动机、螺旋桨等的位置，都是从这个基准面算起的，并列入飞机说明书中。基准面的位置没有固定的标准，由飞机制造厂家选择。常用的基准面如图1-2所示。

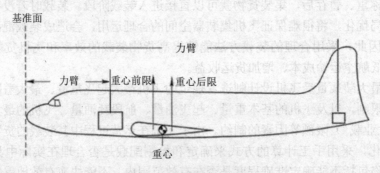

图1-2　基准面的位置

2. 重心

一架飞机的重心就是低头力矩和抬头力矩在量值上正好相等的那一点。如果从这一点悬挂飞机，则飞机没有上仰或下俯以及向任何方向旋转的趋势。重心的位置（CG）是从基准面算起的。

二、合力矩定理及重量术语

（一）力矩的概念

力不仅可以改变物体的移动状态，还能改变物体的转动状态。力使物体绕某点转动的力学效应，称为力对该点的矩。以扳手旋转螺母为例，如图 1-3 所示，设螺母能绕点 O 转动。由经验可知，螺母能否转动，不仅取决于作用在扳手上的力 F 的大小，还与点 O 到 F 的作用线的垂直距离 d 有关。因此，用 F 与 d 的乘积作为力 F 使螺母绕点 O 转动效应的量度。其中，距离 d 称为 F 对点 O 的力臂，点 O 称为矩心。由于转动有逆时针和顺时针两个转向，则力 F 对点 O 的力矩定义为：力的大小与力臂 d 的乘积冠以适当的正负号，用符号 $m_o(F)$ 表示，记为

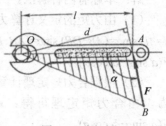

图 1-3 力矩图示

$$m_o(F) = \pm F_h \tag{1-1}$$

通常规定：力使物体绕矩心逆时针方向转动时，力矩为正，反之为负。

由图 1-3 可知，力 F 对点 O 的力矩的大小，也可以用 △OAB 面积的两倍表示，即

$$m_o(F) = \pm 2S_{\triangle ABC} \tag{1-2}$$

在国际单位制中，力矩的单位是牛顿·米（N·m）或千牛顿·米（kN·m）。

由上述分析可得力矩的以下性质：

（1）力矩不仅取决于力的大小，还与矩心的位置有关。当力一定时，力矩随矩心的位置变化而变化。

（2）力对任一点的力矩，不因该力的作用点沿其作用线移动而改变，说明力是滑移矢量。

（3）力的大小等于零或其作用线通过矩心时，力矩等于零。

（二）合力矩定理

定理：平面汇交力系的合力对其平面内任一点的力矩等于所有各分力对同一点的力矩的代数和。

$$m_o(F_R) = m_o(F_1) + m_o(F_2) + \cdots + m_o(F_n) \tag{1-3}$$

即 $m_o(F_R) = \sum m_o(F)$。

式（1-3）称为合力矩定理。合力矩定理建立了合力对点的力矩与分力对同一点的力矩的关系。该定理也适用于有合力的其他力系。

例 1-1 试计算图 1-4 中力对点 A 的力矩。

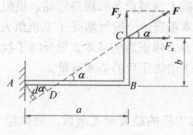

图 1-4 例 1-1 题图

解：本题有两种解法。

（1）由力矩的定义计算力 F 对点 A 的力矩。先求力臂 d，由图 1-4 中的几何关系有：$d=AD\sin\alpha=(AB-DB)\sin\alpha=(AB-BC\tan\alpha)\sin\alpha=(a-b\tan\alpha)\sin\alpha=a\sin\alpha-b\cos\alpha$。所以 $m_A(F)=F\cdot d=F(a\sin\alpha-b\cos\alpha)$。

（2）根据合力矩定理计算力 F 对点 A 的力矩。将力 F 在点 C 分解为两个正交的分力，由合力矩定理可得：$m_A(F)=m_A(F_x)+m_A(F_y)=-F_x\cdot b+F_y\cdot a=-F(b\cos\alpha+a\sin\alpha)=F(a\sin\alpha-b\cos\alpha)$。

例 1-1 中两种解法的计算结果是相同的，当力臂不易确定时，用后一种方法较为简便。

（三）飞机的重量术语

飞机的衡量重量主要包括以下七种：基本重量、最大起飞重量、最大滑行重量、最大无燃油重量、燃油重量、最大着陆重量和最大业载。

1. 飞机的基本重量

飞机的基本重量简称基重，是指除了业载和燃油重量外，已完全做好飞行准备的飞机重量。飞机的基本重量由以下几项组成。

（1）空机重量。空机重量是指飞机本身的结构重量、动力装置和固定设备（如座椅、厨房设备等）的重量、油箱内不能利用或不能放出的燃油滑油重量、散热器降温系统中的液体重量、应急设备重量等的重量之和。飞机的空机重量由飞机制造厂商提供，记录在飞机的履历册内。空机重量所包含的内容，各机型可能不一致，其使用和计算应按各机型的重量项目规定执行。

（2）附加设备重量。包括服务用品及机务维修设备等。

（3）空勤组及其随带用具、物品的重量。每种机型的空勤组人数是确定的，称为标准机组或额定机组。

（4）服务设备及供应品的重量。每种机型的供应品重量是确定的，称为额定供应品重量。

（5）其他按规定应计算在基本重量之内的重量，如飞机的备件等。

飞机的基本重量一般是相对固定的。但是，由于每次实际飞行任务的需求不一样，基本重量会因机组人员和（或）供应品等的增减而发生变化。因此，无论哪种机型执行飞行任务，在计算业载时都应使用当时该飞机的基本重量。

在飞机固定基本重量的基础上增减设备和服务用品、机组人员、随机器材等重量后所得的基本重量称为修正后的基本重量。一般每增减 1 名机组人员，按 80 kg 计算。其他项目重量按实际重量的增减量计算。修正后的基本重量反映了执行航班任务的飞机的实际情况，因此在计算最大业载时应采用修正后的基本重量。

2. 飞机的最大起飞重量

飞机的最大起飞重量又称飞机的最大起飞全重，简称起飞全重。它是指根据结构强度、发动机功率、刹车效能限制等因素而确定的飞机在起飞线上加大功率起飞滑跑时全部重量的最大限额。该限额重量是由飞机制造者设计飞机时决定的。例如，全货运输机 B737 的重量限制为 53 071 kg，B747 的重量限制为 365 148 kg。

1）影响飞机最大起飞重量的因素

飞机的最大起飞重量是飞机生产厂商在标准条件下测定的数据，在每次执行飞行时要根据具体的起飞条件，按照规定对最大起飞重量进行修正。影响最大起飞重量的因素有以下几个方面。

（1）大气温度和机场标高。大气温度越高，空气中氧分子的活动越频繁，因此单位体积空气中氧分子的数量越少，燃油燃烧就越不充分，这就使发动机的推力降低，导致飞机的升力降低。为了保证飞机在起飞过程中一旦发生发动机停车时，仍有最低限额的爬升能力以保证飞机能安全返场着陆，要求飞机的最大起飞重量不能过大。

机场标高表示机场所处位置的地势高低情况，而地势的高低决定了机场地面的气压情况。因此标高值越大，说明机场地面气压越低，空气中氧分子的密度就越小，影响飞机起飞时能够获得的升力，因而导致飞机的最大起飞重量不能过大。

（2）风向和风速。飞机起飞时与空气的相对速度越大，产生于飞机机翼上的升力就越大，因此飞机起飞时应顶风起飞，以加大飞机与空气之间的相对速度，进而增大飞机的升力，减小需要的起飞速度和起飞滑跑距离，也可增大起飞重量。在一定范围内，沿飞机正顶风向的风速越大，则飞机与空气的相对速度越大，同理可增大起飞重量。

（3）起飞跑道的情况。跑道长度越长，可供起飞滑跑的距离越大，因此允许的起飞重量越大。一般来说，飞机的起飞重量越大，需要的升力越大，飞机需要的起飞速度就越大，起飞滑跑的距离就越长。当跑道的长度不能满足要求时，飞机或者不能起飞，或者可以减重起飞。根据跑道长度计算飞机的许可起飞重量时，要保证飞机在起飞时如果发生一台发动机停车，要继续起飞时能够安全起飞并返场着陆；如果要中断起飞，则能在安全道内停住。例如，当跑道长度达到 3 200 m 时，可以起飞 B747-400 飞机，其最大起飞重量为 385.6 t；当跑道长度只有 1 700 m 时，可以起飞 B737-300 飞机，其最大起飞重量为 56.5 t。

跑道具有一定坡度时，应沿下坡方向起飞，便于飞机加速，同时可以减少起飞滑跑距离。因此在一定范围内，坡度越大，允许的起飞重量越大。

起飞跑道的硬度越大，跑道能够承受的载荷越大，允许的起飞重量越大。一般来说，水泥跑道可以起飞上百吨的飞机；碎石跑道可以起飞几十吨的飞机；土质跑道只能起飞几吨的飞机。

跑道道面越粗糙或者道面越湿，摩擦力越大，对飞机的阻力越大，飞机滑跑时不易加速，必将延长滑跑距离，因此要求起飞重量减小。

（4）机场的净空条件。机场的净空条件是指机场周围影响飞行安全、影响正常起降飞行的环境条件，如高建筑物、高山、鸟类及其他动物的活动等。

在飞机的起飞过程中，有时可能出现一台发动机停车的情况，此时飞机需要继续爬升到一定高度再返场着陆。对于双发飞机来说，当只剩下一台发动机工作时，仍应具有一定的爬高能力，能够安全超越机场周围的障碍物。当机场的净空条件较好时，不需要飞机具有很高的单发爬高能力，因此飞机的起飞重量可以大一些；如果机场的净空条件不好，若以最大起飞重量起飞不能安全超越障碍物时，则必须减重起飞。

（5）航路单发越障能力。飞机在巡航飞行过程中出现一台发动机熄火的情况时，要求飞机能够靠另外一台发动机超越航路中的障碍物。飞机起飞时的重量越大，飞机单发爬高越困难,因此为了能单发超越航路中的所有障碍,起飞重量不能过大,必要时需要在起飞时减重起飞。

另外,影响飞机最大起飞重量的因素还有:是否使用喷水设备、襟翼放下的角度及噪声的限制规定等。

2)飞机最大起飞重量的使用规定

飞机在出厂时,生产厂商提供关于飞机性能等方面的资料,包括修正最大起飞重量的图表资料、方法和规定。在对航班机进行载量安排时,要根据当时的实际情况,按照飞机手册规定的方法对最大起飞重量进行修正。

飞机的最大滑行重量(是指飞机在滑行时全部重量的最大限额)可以大于最大起飞重量,两者的差额就是滑行需要多加的滑行用油重量。滑行用油必须在飞机起飞前用完。在任何情况下,飞机都不能超过其最大起飞重量起飞,这是保证飞行安全的必要条件。

3. 飞机的最大滑行重量

飞机的最大滑行重量是受强度和适航要求限制的地面机动最大重量,它包括滑行和启动时燃油的重量。

4. 飞机的最大无燃油重量

飞机的最大无燃油重量又称飞机的最大无油全重,简称无油全重,是指除燃油之外所允许的最大飞行重量限额。它是根据机翼的结构强度而规定的除燃油以外所允许的最大飞机总重量。

由于飞机飞行所需的燃油主要装在两机翼内,燃油的重量抵消了一部分由机翼产生的升力,在燃油逐渐减少乃至耗尽的情况下,作用于机翼的升力相应增大,即增加了机翼向上的弯曲扭力。为了在无燃油状态下使机翼不受损坏,需要有最大无燃油重量的限额。因此,在实际操纵中,除燃油以外的全部实际重量不得超过该飞机的最大无燃油重量。

5. 飞机的燃油重量

飞机携带的燃油是供发动机燃烧而产生推力所用的。除此之外,它还有以下作用。

(1)平衡飞机。飞机的油箱一般分为主油箱、副油箱和中央油箱。除了中央油箱位于机身部位以外,其他油箱都分布在两侧机翼内。飞机携带的燃油,主要加在机翼油箱内。由于飞机的翼展较大,因此机翼内的燃油可以加强飞机的横侧平衡。当航线上有较强的气流时,机翼内尤其是靠近翼尖部位的油箱内多加燃油可以加强飞机的平稳程度。为了保证飞机的横侧平衡,在给飞机加油时,要使左右机翼所加的油量相同,在使用时也要保证左右机翼内的燃油对称使用。某些机型由于设计等方面的原因,飞机在停机坪上处于不平衡状态,需要加一部分燃油使飞机保持平衡。

(2)保护机翼不受损坏。如前所述,在飞机起飞和飞行时,机翼内燃油的重量可以抵消掉一部分升力,使作用于机翼上向上弯曲的扭矩减小,保护机翼不受损坏。因此在加油时,一般先加机翼油箱,然后再加中央油箱,耗油时则按相反顺序进行。

(3)减少飞行成本。飞机从燃油价格较低的航站起飞时,如果剩余业载较多,则可额外加一部分燃油,以减少飞机回程时在燃油价格较高航站的加油量,节省飞行成本费用。

飞机携带油量的多少对可装载的业载有直接的影响。一般情况下,飞机携带的油量越多，可装载的业载越少。所以为了既保证航班飞行安全，又提高可装载的业载，应正确合理地计算飞机的燃油重量。

飞机的燃油重量又称起飞油量，是指飞机执行任务所携带的航行消耗油量和备用油量的合计数，不包括地面开车和滑行的油量。

（1）航行消耗油量。航行消耗油量通常称为航段耗油量，它是指飞机由起飞站到达降落站这个航段所需消耗的油量。航段耗油量是根据航段的距离、该型飞机平均时速和每小时平均耗油量而确定的。

（2）备用油量。备用油量是按照飞机到达降落机场不能着陆而需飞抵备降机场上空时，还要有不少于 45 min 飞行耗油量的原则确定的。

起飞油量、航段耗油量和备用油量的计算方法如下。

$$起飞油量=航段耗油量+备用油量$$

$$航段耗油量=(航程距离/平均地速)×飞机平均每小时耗油量$$

$$备用油量=(降落站至备降站的距离/平均时速+45/60)×平均小时耗油量$$

例 1-2 某型号飞机执行由上海虹桥机场到北京首都国际机场的飞行任务。已知由上海虹桥机场起飞的时间为 11:00，到达北京首都国际机场的时间为 12:50，飞行时间为 1 h 50 min。备降机场选在天津。北京至天津的飞行时间为 30 min。该飞机平均每小时耗油 2 000 kg。试计算该飞机的起飞油量。

解：航段耗油量=(1+50/60)×2 000 kg=3 667 kg

备用油量=(30/60+45/60)×2 000 kg=2 500 kg

所以，起飞油量=3 667+2 500 kg=6 167 kg

（3）最少起飞油量和最大着陆油量。由于机翼结构强度的限制，某些飞机有最少起飞油量的规定，即当飞机按照最大起飞重量起飞时，尽管所飞的航程可能很短，但起飞油量也不得少于一定的重量。当所加燃油重量少于规定的最少起飞油量时，应从飞机的最大起飞重量中减去相应的燃油重量差，余数作为允许的最大起飞重量。根据机翼和机身结合部分的结构强度，某些机型有最大着陆油量的规定，即备用油量不得超过一定的限额。

6. 飞机的最大着陆重量

飞机的最大着陆重量又称飞机的最大落地全重，简称落地全重。它是根据飞机的起落设备和机体结构所能承受的冲击载荷而规定的飞机在着陆时全部重量的最大限额。

飞机在跑道上着陆时，起落架与跑道之间不可避免地要产生一定的冲击力，飞机着陆时重量越大，该冲击力越大。当冲击力超过机体结构强度和起落架所能承受的冲击载荷时，会导致飞机机体结构或起落架的损坏，造成严重事故。因此，飞机着陆时的重量不能过大。

同时，飞机在跑道上着陆时，有时由于某种原因需要重新爬高到一定高度后再行降落，即使发现一台发动机停车，也要能达到需要的爬高能力。因此，飞机着陆时的重量不能过大。

飞机的最大着陆重量和最大起飞重量一样，也受跑道长度和承受力、机场标高、净空条件、大气温度、风向和风速等因素的影响，因此在特殊情况下应做相应修正，灵活掌握。通常情况下，应尽可能避免飞机超过落地全重着陆。如在特殊情况下发生超重着陆，该飞机必须经机务部门检查合格获得航行签派室的批准才能继续使用。

7. 飞机的最大业载

飞机的最大业载是飞机制造厂根据该型飞机的结构强度和各种性能要求所规定的最大装载量。在对飞机进行装载时，实际装载量不应超过飞机的最大业载。

计算最大业载的意义如下。

（1）确保飞行安全，避免超载飞行。超载飞机表现出的主要问题有：需要较高的起飞速度；需要较长的起飞跑道；减小了爬升速度和角度，降低了最大爬升高度；缩短了航程；降低了巡航速度；降低了操纵灵活性；需要较高的落地速度；需要较长的落地滑行距离。

这些降低飞机效率的因素在某些情况下可能并不会有严重影响，但如果发生机翼表面结冰或发生故障等情况时，可能造成极其严重的后果。因此，实际的业载绝对不应超过本次航班的最大业载，否则将造成飞机超载。

（2）充分利用飞机的装载能力，尽量减少空载。计算出飞机的最大业载和实际业载后，就可以知道航班的剩余业载有多少。此时如果还有旅客要求乘坐本次航班旅行或者还有可由本航班运出的货物，则可适量地接收旅客和货物，最大限度地减少航班的空载，提高飞机的客座利用率和载运率，进而提高运输经济效益。

飞机型号不同或在不同的航线上飞行时，其最大业载都会不同。因为飞机的最大业载与飞机的最大起飞重量、最大着陆重量、基本重量和起飞油量等有密切的关系。

（1）根据飞机的最大起飞重量计算最大业载。飞机的最大起飞重量是最大业载的一个重要限制条件，这主要是由飞机的起飞能力和安全飞行的要求决定的。飞机的起飞重量由基本重量、燃油重量和业载组成。飞机的最大起飞重量就包括了基本重量、燃油重量和最大业载，因此有：

$$最大业载=最大起飞重量-基本重量-燃油重量$$

（2）根据飞机的最大着陆重量计算最大业载。飞机的最大着陆重量也是最大业载的一个重要限制条件，这主要是由飞机的着陆能力和安全着陆的要求决定的。飞机在着陆时的全部重量由飞机的基本重量、备用油重量和业载三者构成，因此有

$$最大业载=最大着陆重量-基本重量-备用油重量$$

（3）根据飞机的最大无燃油重量计算最大业载。飞机的最大无燃油重量也是最大业载的重要限制条件，这主要是根据飞机机翼与机身的结合关节的强度而提出的对于业载的限制。飞机在无燃油状态下的全部重量由飞机的基本重量和业载组成。飞机的最大无燃油重量就包括了基本重量和最大业载，因此有

$$最大业载=最大无燃油重量-基本重量$$

对于所有机型，都可以由最大起飞重量、最大着陆重量和最大无燃油重量这三种重量数据计算飞机的最大业载。

由于受最大起飞重量、最大着陆重量和最大无燃油重量三个因素的限制，在计算飞机的最大业载时，除了满足以上三个公式，还应满足以下条件：

$$修正后的基本重量+起飞油量+实际业载\leq最大起飞重量$$

$$修正后的基本重量+备用油重量+实际业载\leq最大着陆重量$$

修正后的基本重量+实际业载≤最大无燃油重量

在上面给出的三个计算方法中,由于飞机的三个全重是从三个不同的方面对飞机的最大业载进行限制,所以计算出的结果也不相同,应采用其中的最小值作为本次飞行的最大业载。只有这样,才能保证飞机在起飞、着陆和无燃油三种状态下都不超过飞机的重量限制。

另外,在实际工作中通常采用另一种计算方法,即通过以下三组数据得到实际可以使用的最大业载。

(1) 规定的最大起飞重量。

(2) 规定的最大着陆重量和航段耗油量。

(3) 规定的最大无燃油重量和起飞油量。

在三者中取其最小值作为实际可以使用的最大起飞重量,然后按下面的方法计算出实际可以使用的最大业载:

实际最大业载=实际可以使用的最大起飞重量-操作重量

其中,操作重量=修正后的基本重量+起飞油量。

例 1-3 某种型号的飞机执行航班任务,有机组人员 3 名,按每人 80 kg 计算。已知飞机的基本重量为 28 799 kg,最大起飞重量为 56 463 kg,最大着陆重量为 48 526 kg,最大无燃油重量为 43 084 kg,起飞油量为 9 800 kg,航段耗油量为 5 900 kg。试计算本航班的最大业载。

解:根据飞机的最大起飞重量,最大业载=最大起飞重量-基本重量-燃油重量=[56 463-(28 799+80×3)-9 800] kg=17 624 kg。

根据飞机的最大着陆重量,最大业载=最大着陆重量-基本重量-备用油重量=[48 526-(28 799+80×3)-(9 800-5 900)] kg=15 587 kg。

根据飞机的最大无燃油重量,最大业载=最大无燃油重量-基本重量=[43 084-(28 799+80×3)] kg=14 045 kg。

取三者的最小值,得到本次航班的最大业载为 14 045 kg。

当采用另一种方法时,有

规定的最大起飞重量=56 463 kg。

规定的最大着陆重量+航段耗油量=(48 526+5 900) kg=54 426 kg。

规定的最大无燃油重量+起飞油量=(43 084+9 800) kg=52 884 kg。

取三者的最小值,得到实际可用的最大起飞重量为 52 884 kg。

从而,最大业载=[52 884-(28 799+80×3)-9 800] kg=14 045 kg。

两种方法计算的结果一致。

第二章

实际业载配算

本章学习目标
1. 航班配载的流程。
2. 航班配载需要考虑的问题。
3. 多航段航班业载分配方法。
4. 多航段航班的配载。
5. 航班超载的处理方法。

第一节 航班配载流程

实际业载的配算是指航班始发站根据从本站出发的飞机的最大允许业载来配算运至各有关前方站的旅客、行李、邮件和货物，简称配载。配载是航空运输地面生产的重要环节，配载工作主要集中在货运配载室。一名业务熟练的配载人员可以根据不同机型的平衡要求，合理利用载量和舱位，达到较高的载运比率，提高营运效益。

一、配载的步骤

（一）航班始发站的配载

1. 预配

预配是在计算出最大业载的基础上，根据旅客人数和行李、邮件的估算数预留货物吨位，并填制货邮装机单。预配货物时，应满足飞机的重心要求，以保证飞行安全和经济飞行。

预配工作通常要求在航班离站前 2 h 完成。航班中途站的预配应注意考虑过境业载，充分利用后方站的剩余吨位。航班预配流程如图 2-1 所示。

按规定，在飞机起飞前 30 min 停止办理旅客乘机手续，此时才能获得旅客人数和行李重量等项目的准确情况。由于飞机起飞前需要做很多工作，如果不进行预配而直接在飞机起飞前 30 min 进行货物配运工作，将使配载工作在很忙的情况下进行，以致一方面可能不能按时完成所有工作，造成航班延误；另一方面，可能造成配载错误，影响飞行安全。对于每天出港航班很多的机场更应重视预配。另外，预配可以预先了解航班剩余业载的大致情况，有助于积极筹集客货，减少航班空载。

另外，对于旅客体重，包括平均体重和随身携带的物品重量，不同航空公司的规定有差别，本书除特别说明外，均参照国内各大航空公司标准，规定成人体重为 72 kg，儿童体重为 36 kg，婴儿体重为 8 kg，随身携带行李重量为 15 kg。

2. 调整和结算业载

在进行预配时，旅客人数、行李和邮件重量都是预估值，只有在飞机起飞前 30 min，即柜台办理完旅客乘机手续后，才能得知实际准确的业载情况，因此，预配货物的结果不是最终运输的结果，待运货物数量和种类需要在办理完乘机手续后，根据旅客、行李和邮件的实际载运情况，在预配的基础上进行适当调整，以得出最终的飞机运输货物量。航班关闭后，实际旅客、行李、邮件和预配货物的合计重量应不超过允许的最大业载，两者之差即缺载吨位数。有关部门应及时增配货物，对缺载吨位加以合理的利用，以便最大程度地利用可用业载，最后计算实际业载。这就是实际载重的计算，又称载重结算。航班结算流程如图2-2所示。

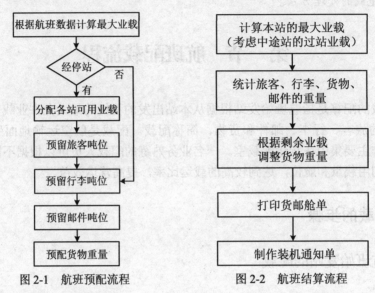

图2-1　航班预配流程　　　　　图2-2　航班结算流程

（二）航班经停站的配载

对航班中途站而言，预配是指根据本站配额（如有座位、吨位的索让，即按调整后的配额）和本站预计旅客、行李、邮件的重量预计可配货物重量并选配货物。待收到后方站拍发的航班载重电报后，再根据本站实际出发的旅客、行李和邮件重量对预配货物进行调整和结算。中途站应尽可能利用配额，并充分利用后方站的剩余吨位。

要做好配载工作，必须了解各种情况。每个站不仅要掌握待运客货的急缓和数量情况，还要了解航班上有关站的待运、实运及配额等情况，必须做到心中有数，才能正确决定该航班的吨位应怎样利用才更有效、更合理、更符合整体利益，并有最好的经济效益。

二、业载的预配和结算

每个航班的始发站和经停站都需要进行业载的预配和结算。

始发站的预配通常在航班起飞前一天下午或当天上午进行，其实质是先以始发站至前方各站的可用业载为依据，根据座位销售情况，相应地从始发站至有关前方站的业载中扣除旅客重量，并根据各航线、季节等具体情况和经验预留行李、邮件的重量，以便确定可配货物的重量。

通常情况下，为了满足因行李、邮件过多吨位预留不足或临时增加急运货物而产生的需求，会在最大通程业载中留出一定的备用吨位。预配时应强调"宁加勿拉"、吨位预留宜宽不宜紧。即宁可使飞机在配载后出现空载而再加货物，也不要使飞机在配载后出现超载而落下货物。

（一）始发站的预配和结算

由于从始发站出发的客货一般比较多，因此始发站的配载工作量比较大。始发站进行预配时，以本站至其他各站的可用业载为依据，根据各航段预计的旅客人数，预留出旅客、行李和邮件的重量，剩余部分即本航段的可配货物重量。为了防止行李、邮件留载不足而出现落货情况以及解决临时发生的急货运输问题，有必要在最大通程业载中留出一定的备用吨位。始发站进行结算后，如果尚有空余吨位，应尽量加以利用，以减少空载。

始发站在进行配载时，应注意以下几点。

(1) 近程座位/吨位的超载可以由远程座位/吨位的空载抵消，而远程座位/吨位的超载不能由近程座位/吨位的空载抵消。

(2) 最大通程业载不能超载。

(3) 前方各中途站的固定配额和索得吨位不被占用。

(4) 飞机起飞时总的业载不能超载。

前两项在预配和结算时注意便可，后两项则需要在预配和结算完成后对预配和结算的结果进行检验复核。

（二）直达航班的预配和结算

直达航班的预配和结算比较简单，下面举例进行说明。

例 2-1 某航班计划由广州白云机场飞往上海虹桥机场。航班无经停，预售座位数为138.00.00。已知飞机的最大起飞重量、最大着陆重量和最大无燃油重量分别为 61 235 kg、51 709 kg 和 48 307 kg，修正后的基本重量为 32 936 kg。起飞油量为 6 800 kg，其中航段耗油量为 3 100 kg。当旅客办理完乘机手续后，统计得到货物存量为 25 件，计 320 kg；旅客人数为 144.00.00；行李共 70 件，重量为 850 kg；无邮件。（注：预售座位数"138.00.00"表示预售的"成人.儿童.婴儿"座位数。）

解：(1) 预配。计算该航班的最大业载：

最大业载 1=(61 235−32 936−6 800)kg=21 499 kg。

最大业载 2=[51 709−32 936−(6 800−3 100)] kg=15 037 kg。

最大业载 3=(48 307−39 236) kg=15 371 kg。

最大业载=min（最大业载 1，最大业载 2，最大业载 3）=15 037 kg。

预留旅客吨位：138×72 kg=9 936 kg。

预留行李吨位：138×15 kg=2 070 kg。

预留邮件吨位：50 kg。

因此，可配货物的吨位为：[15 037−(9 936+2 070+50)] kg=3 017 kg。

(2) 结算。根据乘机手续办理完成后的旅客人数、货物和行李重量可得：(144×72+

850+320) kg=11 538 kg。因此，航班空载重量为(15 073-11 538)=3 535 kg。

例 2-2 机型为 MD-82 的飞机由上海虹桥机场（SHA）飞往三亚凤凰机场（SYX），经停深圳宝安机场（SZX）。已知在 SHA 的允许业载为 18 161 kg，其中通程业载为 16 291 kg，SHA 至 SZX 可配 1 870 kg，飞机客舱座位数为 0/147。旅客座位预售情况：SHA 至 SZX 为 60.01.00；SHA 至 SYX 为 67.02.00。

解：（1）预配。SHA—SZX 的预配如下：

预留旅客吨位：(60×72+1×36) kg=4 356 kg。

预留行李吨位：61×15 kg=915 kg。

合计：5 271 kg。

SHA—SYX 的预配如下：

预留旅客吨位：(67×72+2×36) kg=4 896 kg。

预留行李吨位：69×15 kg=1 035 kg。

合计：5 931 kg。

可配货吨位：[18 161-(5 271+5 931)] kg=6 959 kg。

MD-82 飞机客满时，重心偏前，货物主要集中在 3 舱，以便重心向后调整，根据库存情况预配货物：

SHA—SZX：200 kg。

SHA—SYX：500 kg。

合计：(200+500) kg =700 kg<6 959 kg。

（2）结算。SHA—SZX：

旅客人数为 70.01.00，重量为(70×72+1×36) kg=5 076 kg。

行李为 75 件，重量为 500 kg。

邮件重量：80 kg。

货物增配：150 kg。

原配货物：200 kg。

合计：(5 076+500+80+150+200)kg=6 006 kg。

SHA—SYX：

旅客人数为 65.00.01，重量为(65×72+1×8) kg=4 688 kg。

行李为 50 件，重量为 300 kg。

邮件重量：70 kg。

原配货物：500 kg。

合计：(4 688+300+70+500) kg=5 558 kg。

全程合计业载：(6 006+5 558) kg=11 564 kg。

空载：(18 161-11 564) kg=6 597 kg。

在例 2-1 和例 2-2 中，航班分别空载 3 535 kg 和 6 597 kg，其原因应是多方面的，其中包括货舱容积、地板承受力、飞机重心范围等因素的限制。当然，也受待运货邮量的影响。因此，片面地强调载运比率，在数量上主观地按最大业载进行配载是脱离实际、缺乏可行性的。

三、航班配载主要业务单据

（1）货运单、邮运单。
（2）货物分批单。
（3）预配舱单。
（4）货邮舱单。
（5）装机通知单。
（6）配载外场工作检查单。
（7）进港航班行李交接单。

其中，货运单、邮运单、货物分批单、货邮舱单、装机通知单是随机业务文件，在航班离站时间前用业务袋统一封装，与机组进行交接。

第二节　航班配载需要考虑的问题

配载工作是一项安全性强、责任重、时间紧迫、联系面广的工作。因此，必须遵守相应的原则和工作要求。配载工作需要注意以下几个问题。

（1）加强安全意识，使每一航班的飞机重心符合飞行要求，并尽力使重心落入最佳重心区域，保证飞机不超载。
（2）充分利用航班吨位，不缺载，准确反映航班吨位的利用情况。利用远程吨位配运远程业载，避免吨位浪费。只有在必要时或者没有远程业载时，才能使用远程吨位配运近程业载，因为如果用远程吨位配运近程业载，易加剧后续航班的空载。
（3）除非没有近程业载，否则一般不用近程吨位装运远程业载，以免给前方站造成疏运困难。凡应留给经停站的座位/吨位必须留足（每个座位按 100kg 计算）。
（4）预配时应留有机动吨位，宁加勿拉，避免预配过剩，造成超载而临时卸货，保证航班正点起飞。
（5）预留吨位时先客后货、先急后缓。
（6）了解旅客、货物和邮件的临时增减情况及装机情况，保证配载工作符合飞机载重平衡要求。
（7）航班离站后，若发现计算错误或装卸错误，应及时拍发电报或电话通知有关前方站。
（8）计算实际业载时，行李、邮件和货物的重量以 kg 为单位，尾数不足 1 kg 的部分四舍五入；旅客重量按折合标准计算，专机旅客每个成人按 80kg 计算。
（9）各项计算应严格准确，熟练迅速。
（10）严格核对有关重量，做到以下"三相符"：
① 重量相符：载重表、载重电报上的飞机基本重量与飞行任务书相符；载重表、载重电报上的各项重量与舱单相符；配载表、装机单、加拉货物单等工作单据上的重量与舱

单、载重表相符。

② 单据相符：装在业务文件袋内的各种运输票据与舱单相符。

③ 装载相符：出发、到达、过站的旅客人数与舱单、载重表相符；各种物件的装卸件数、重量与舱单、载重表相符；飞机上各个货舱的实际装载重量与载重表、平衡表相符。

第三节　各航段航班业载分配

一、各航段业载分配的原则

由于市场的需求，多航段航班班次增加了很多。多航段航班不但为航空货运市场增加了点，而且也延长了线。它可以使空运网络覆盖得更全面。但是这种航班在配货时常受到通程业载和过境业载的限制，航班的装载率也会受到一定影响。那么，如何才能使每个航段的业载分配得更合理、更充分，以便达到最好的经济效益呢？

对无经停站的航班来说，飞机可以全程利用的业载就是飞机在始发站的最大业载。然而，对有经停站的航班来说，情况则比较特殊。本节将着重讲述有经停站的航班各站可用业载的计算。

经停站的出现，使得同一架飞机先后在航距可能相差很大的两个或多个航段上飞行，最终完成全航程飞行。由于航段距离不同，航段耗油量就不同；由于航班上各站距其备降机场的距离不尽相同，备用油量也会不同。因此，飞机在同一航班各站的起飞油量就不相同。仅此一点，就明显地说明同一架飞机在航班各站的最大业载完全可能不同。

无论航班经停站是否有配额，各站都应最大限度地利用本站至前方各站的吨位，尽量做到充分利用运程吨位，以体现最好的经济效益。这就要求有关人员全面了解航班各站情况，根据飞机在航班各站的最大业载以及各经停站的配额等确定本站至前方各站的吨位利用情况。

（一）最大通程业载

最大通程业载是指由航班的始发站可以一直利用到终点站的载运量。

1. 不考虑经停站配额

对于不考虑经停站配额的航班来说，通程业载依赖于飞机在航班始发站及各经停站的最大业载。由其定义可知，各站最大业载中的最小值即通程业载。

例 2-3　机型为 MD-82 的飞机由上海虹桥机场（SHA）飞往三亚凤凰机场（SYX），经停深圳宝安机场（SZX）。飞机的最大起飞重量、最大着陆重量和最大无燃油重量分别为 67 813 kg、58 968 kg 和 55 338 kg，基本重量为 37 177 kg。飞机自 SHA 至 SZX 的起飞油量为 11 200 kg，其中航段耗油量为 9 000 kg；自 SZX 至 SYX 的起飞油量为 9 500 kg，其中航段耗油量为 4 000 kg。试计算通程业载。

解：（1）计算飞机在 SHA 的最大业载。

最大业载 1=(67 813-37 177-11 200) kg=19 436 kg。

最大业载 2=[58 968−37 177−(11 200−9 000)]=19 591 kg。
最大业载 3=(55 338−37 177) kg=18 161 kg。
最大业载（SHA）=min(最大业载 1，最大业载 2，最大业载 3) =18 161 kg
（2）计算飞机在 SZX 的最大业载。
最大业载 4=(67 813−37 177−9 500) kg=21 136 kg
最大业载 5=[58 968−37 177−(9 500−4 000)] kg=16 291 kg
最大业载 6=(55 338−37 177) kg=18 161 kg
最大业载（SZX）=min(最大业载 4，最大业载 5，最大业载 6) =16 291 kg
所以，通程业载为 min(18 161，16 291)=16 291 kg。

2. 经停站有配额

对于经停站有配额的航班来说，通程业载的计算不仅依赖于飞机在各站的最大业载，还涉及各经停站中预留的固定配额。固定配额是指经与始发站及其他中途站商定，某中途站在每次航班中的固定航站装载一定数量的货物，销售一定数量的客票。一般来说，固定配额都是由该中途站利用到航班的终点站。

例 2-4　对于例 2-3 中的航班，如果 SZX 有固定配额 4 000 kg，试计算其通程业载。

解：因为飞机在 SZX 的原最大业载为 16 291 kg，且有固定配额 4 000 kg，所以在 SZX 的可用业载变为(16 291−4 000) kg =12 291 kg。因此，通程业载=min(18 161，12 291) kg= 12 291 kg。

3. 临时索让

一般来说，航班吨位都由航班始发站控制，航班经停站根据原有配额数进行配载。然而，在特殊情况下，有时会发生配额的索让。通常是航班经停站因临时性的需要向航班始发站索取一定的吨位，但也存在航班始发站向经停站索取配额的情况。

在某次航班上，某中途站在其固定配额之外，要求多装载一部分业载和多销售一部分客票，需要向其他站临时索要一部分吨位和座位，这个过程称为临时索让。

如果发生配额索让，在计算通程业载时，则应根据配额索让情况进行正确调整。按调整后的配额数进行计算。且在分配固定配额和发生临时索让时，每个座位按 100 kg 计算。

例 2-5　对于例 2-3 中的航班，如果 SZX 临时向始发站 SHA 索取 2 500 kg，则 SZX 的配额变为(4 000+2 500) kg=6 500 kg，试计算其通程业载。

解：飞机在 SHA 的最大业载为 18 161 kg，在 SZX 的最大业载为 16 291 kg，SZX 的配额为 6 500 kg，则 SZX 调整后的业载为(16 291−6 500) kg=9 791 kg。通程业载=min (18 161, 9 791)=9 791 kg。

一般来说，从经济效益考虑，不应鼓励经停站向始发站索取吨位，在货运充足的情况下，应尽可能地利用远程吨位。

（二）剩余业载的利用

所谓剩余业载，是指航班的各站从最大业载中减去本站配额和后方站需经过本站的配额，再减去最大通程业载后所得的余额。

对剩余业载的利用仍应体现出充分利用远程吨位的原则。从某站出发，有包含航段少的吨位和包含航段多的吨位。相对来说，前者为近程吨位，后者为远程吨位。由于最大通程业载包含的航段最多，因此其为远程吨位。

例 2-6 试计算例 2-3 中各航站的剩余业载。

解：飞机在 SHA 的最大业载为 18 161 kg，在 SZX 的最大业载为 16 291 kg，通程业载为 16 291 kg，因此，SHA 的剩余业载为(18 161-16 291) kg=1 870 kg。

所以就理论上来说，如果通程业载已被充分利用，则 SHA 的剩余业载为 1 870 kg，且只能在 SHA—SZX 航段利用。

在实际工作中，通程业载往往不会被全部用完，那么，不但 SHA 的剩余业载会相应增加，而且 SZX 还可视货舱容积等具体情况对剩余业载加以合理利用。由于飞机货舱地板承受力、货舱容积及飞机重心范围等因素的限制，几乎所有的飞机都不会在数量上完全按允许的最大业载配载运输。

（三）航段业载的分配原则

1. 保证前方各中途站的固定配额和临时索让不被占用

多航段航班业载最常见的分配原则是保证前方各中途站的固定配额和临时索让不被占用，即该站与始发站和其他中途站商定，在每次航班中固定装载一定数量的货物（即固定配额）。

这种分配原则的关键是要保障中途站的固定配额不被占用。作为多航段航班的始发站，在分配载量时必须了解各航站的协议吨位、中途站的固定配额、有没有临时索取等。如果始发站在没有得到临时索让的情况下私自占用中途站的固定配额，将会造成以下后果：如果前方中途站仍然按照分配到的座位/吨位配载，将造成航班的座位/吨位超载；如果前方中途站的业载中有一部分运不出去，将造成该站业载积压，导致该站疏运困难；如果前方中途站卸下过站业载，装上由本站出发的业载，将产生不正常的运输情况和对于卸下的过站业载的查询等。

所以，始发站必须保证中途站的固定配额不被占用。

2. 优先分配远程吨位

远程吨位是指运输航段多的吨位，如通程业载。优先分配远程吨位，在配载时就可以尽量多地配运远程业载，最大限度地减少后续航段的空载。

3. 收益最大化

常规的多航段航班业载的分配多以吨位作为分配单位，往往忽略了不同航段因销售价格不同而产生的吨千米含金量差异。以哈尔滨—天津—杭州为例，由于各地的市场情况不同，虽然哈尔滨—杭州为远程吨位，但其销售价格远远低于天津—杭州，单纯地从吨位角度分配业载显然会降低整个航班的货物运输收入。

因此，除了量的增长，更应该注重含金量的提高。从市场的角度出发，将销售收益最大化才是一个以营利为目的的企业的最终目标。在业载分配过程中必须注意，由于各航站和航程的差异，同一飞机在不同机场的最大业载是不同的，始发站的最大业载可能比中途站大，也可能比中途站小。因此在配载时一定要注意，不要超出该航段的最大业载，否则会造成航班超载飞行，带来安全隐患。

二、各航段业载分配的方法

各航段业载分配的方法有画线法和比较法两种。

（一）画线法

画线法的求解步骤如下。
（1）写出航班各站及其可用座位/吨位情况和固定配额及临时索让情况。
（2）分配各航段业载原则：
① 预留出所有中途站的固定配额和临时索让的座位/吨位，以保证所有中途站的固定配额和临时索让不被占用。
② 分配最大通程业载。最大通程业载为最远程吨位，应优先分配。
③ 分配剩余业载。遵循的原则是：本站的剩余业载先由后方站使用；如仍有剩余业载，再由本站自己使用。
（3）对分配结果进行归纳分析。
下面通过举例进行分析。

1. 中途站无固定配额，也无临时索让

例 2-7 已知由北京首都国际机场（PEK）经 SHA 和（SZX）飞往广州白云国际机场（CAN）飞往的某条航线各航段的需求如下，试分配各航段业载。

```
        PEK ——— SHA ——— SZX ——— CAN
       46/4 250   46/4 430   46/4 150
```

解：

```
        PEK ——— SHA ——— SZX ——— CAN
       46/4 250   46/4 430   46/4 150
       46/4 150   46/4 150   46/4 150
       ─────────────────────────────
        0/100      0/280      0/0
        0/100      0/100
        0/0        0/180
                   0/180
                   0/0
```

分析：
从 PEK 出发时已分配的座位/吨位为：0/0+0/100+46/4 150=46/4 250。
从 SHA 出发时已分配的座位/吨位为：0/100+46/4 150+0/180+0/0=46/4 430。
从 SZX 出发时已分配的座位/吨位为：46/4 150+0/0+0/0=46/4 150。

由此可见，从各站出发时已经分配的座位/吨位恰好为该站的可用座位/吨位，因此，当各航段实际配载正好与分配的结果相同时，每一航段都无空载损失，而且由于优先分配了远程吨位，因此取得了最大的运输效益。

2. 中途站有固定配额，无临时索让

例 2-8 已知由 PEK 经 SHA 和 SZX 飞往 CAN 的某条航线各航段的需求如下，SHA 和 SZX 的固定配额分别为 5/500 和 4/400。试分配各航段业载。

```
            5/500        4/400
PEK ——— SHA ——— SZX ——— CAN
50/5 000    50/3 000    50/4 000
```

解：

```
                    5/500         4/400
PEK ————— SHA ————— SZX ————— CAN
50/5 000    50/3 000    50/4 000
                        4/400
                        ─────
                        46/3 600
             5/500       5/500
             45/2 500    41/3 100
41/2 500     41/2 500    41/2 500
─────────    ─────────   ─────────
9/2 500      4/0         0/600
4/0          4/0
─────        ─────
5/2 500                  0/600
5/2 500                  0/600
─────                    ─────
0/0                      0/0
```

各航段业载分配如下：

PEK—SHA：5/2 500。

PEK—SZX：4/0。

PEK—CAN：41/2 500。

SHA—CAN：5/500。

SZX—CAN：4/400+0/600=4/1 000。

分析：

从 PEK 出发时已分配的座位/吨位：5/2 500+4/0+41/2 500=50/5 000。

从 SHA 出发时已分配的座位/吨位：4/0+41/2 500+5/500=50/3 000。

从 SZX 出发时已分配的座位/吨位：41/25 00+5/500+4/1 000=50/4 000。

需要说明的是，例 2-7 和例 2-8 的航段业载分配结果只是理想情况，实际配载情况恰好与分配结果相同，就取得了最大运输效益。但有时某些航段的分配结果实际上是不可行的，例如在例 2-8 中，PEK—SZX 航段的分配结果为 4/0，即有 4 个座位可用，但无吨位可用。因为吨位数包含旅客的重量，因此这 4 个座位也不能由 PEK—SZX 航段使用。另外，SHA—SZX 航段的分配结果为 0/0，并不是说在实际配载时这一航段就不能装载客货业载，如果该航段有业载而不装机，将造成后续航段更严重的空载。总之，航段业载分配的结果只是理想的目标，实际配载时只能以此为参考，要做到实际配载结果和航段业载分配结果完全相同的可能性是很小的，有时甚至是不可能的。因为实际配载情况取决于各航段实际有客货的情况，所以，只能要求实际配载结果尽可能接近航段业载分配的结果，达到尽量大的运输效益。

3. 中途站既有固定配额，又有临时索让

（1）中途站向始发站索取吨位。

例 2-9 已知由 PEK 经 SHA 和 SZX 飞往 CAN 的某条航线各航段的需求如下。SHA 和 SZX 的固定配额分别为 15/1 500 和 10/1 000，SHA 和 SZX 分别向始发站索取 5/500 和 1/100 至终点站。试分配各航段业载。

```
                  15/1 500      10/1 000
        PEK ─────── SHA ─────── SZX ─────── CAN
        90/8 000    90/7 000    90/9 000
```

解：

```
                  +5/500        +1/100
                  15/1 500      10/1 000
        PEK ─────── SHA ─────── SZX ─────── CAN
        90/8 000    90/7 000    90/9 000
                                11/1 100
                                79/7 900
                    20/2 000    20/2 000
                    70/5 000    59/5 900
        59/5 000    59/5 000    59/5 000
        ─────────   ─────────   ─────────
        31/3 000    11/0        0/900
        11/0        11/0
        ─────────   ─────────
        20/3 000    0/0
        20/3 000                0/900
        ─────────               ─────────
        0/0                     0/0
```

各航段业载分配如下：

PEK—SHA：20/3 000。

PEK—SZX：11/0。

PEK—CAN：59/5 000。

SHA—CAN：20/2 000。

SZX—CAN：11/1 100+0/900=11/2 000。

分析：

从 PEK 出发时已分配的座位/吨位：20/3 000+11/0+59/5 000=90/8 000。

从 SHA 出发时已分配的座位/吨位：11/0+59/5 000+20/2 000=90/7 000。

从 SZX 出发时已分配的座位/吨位：59/5 000+20/2 000+11/2 000=90/9 000。

（2）中途站向后方中途站索取吨位。后方中途站只能在其固定配额的范围内让出座位/吨位，并且让出的座位/吨位可以利用到索取站。

例 2-10 已知由 PEK 经 SHA 和 SZX 飞往 CAN 的某条航线各航段的需求如下。SHA 和 SZX 的固定配额分别为 5/500 和 4/400，并且 SZX 向 PEK 和 SHA 各索取 1/100 至终点站。试分配各航段业载。

```
              5/500       4/400
   PEK ——— SHA ——— SZX ——— CAN
  50/5 000   50/3 000   50/4 000
```

解：

```
                         +1/100
              -1/100     +1/100
              5/500       4/400
   PEK ——— SHA ——— SZX ——— CAN
  50/5 000   50/3 000   50/4 000
                         6/600
                        44/3 400
              1/100
              49/2 900
              4/400      4/400
              45/2 500   40/3 000
  40/2 500   40/2 500   40/2 500
  10/2 500    5/0        0/500
   5/0        5/0
   5/2 500    0/0
   5/2 500               0/500
   0/0                    0/0
```

各航段业载分配如下：

PEK—SHA：5/2 500。

PEK—SZX：5/0。

PEK—CAN：40/2 500。

SHA—SZX：1/100。

SHA—CAN：4/400。

SZX—CAN：6/600+0/500=6/1 100。

分析：

从 PEK 出发时已分配的座位/吨位：5/2 500+5/0+40/2 500=50/5 000。

从 SHA 出发时已分配的座位/吨位：5/0+40/2 500+1/100+4/400=50/3 000。

从 SZX 出发时已分配的座位/吨位：40/2 500+4/400+6/1 100=50/4 000。

（3）中途站向前方中途站索取吨位。前方中途站只能在其固定配额的范围内让出座位/吨位。

例 2-11 已知由 PEK 经 SHA 和 SZX 飞往 CAN 的某条航线各航段的需求如下。其中 SHA 和 SZX 的固定配额分别为 5/500 和 2/200，并且 SHA 向 SZX 索取 1/100 至 CAN。试分配各航段业载。

```
                5/500          2/200
    PEK ———— SHA ———— SZX ———— CAN
    90/8 000     90/7 000     90/9 000
```

解：

```
                    +1/100        −1/100
                    5/500          2/200
        PEK ———— SHA ———— SZX ———— CAN
        90/8 000     90/7 000     90/9 000
                     6/600        6/600
                    ─────         ─────
                    84/6 400      84/8 400
                                   1/100
                                  ─────
                                  83/8 300
        83/6 400    83/6 400      83/6 400
        7/1 600     1/0           0/1 900
        1/0         1/0
        ─────       ─────
        6/1 600     0/0
        6/1 600                   0/1 900
        ─────                     ─────
        0/0                       0/0
```

各航段业载分配如下：

PEK—SHA：6/1 600。

PEK—SZX：1/0。

PEK—CAN：83/6 400。

SHA—CAN：6/600。

SZX—CAN：1/100+0/1 900=1/2 000。

分析：

从 PEK 出发时已分配的座位/吨位：6/1 600+1/0+83/6 400=90/8 000。

从 SHA 出发时已分配的座位/吨位：1/0+83/6 400+6/600=90/7 000。

从 SZX 出发时已分配的座位/吨位：83/6 400+6/600+1/2 000=90/9 000。

（4）始发站向中途站收回一部分吨位。

例 2-12 在例 2-8 中，若 PEK 向 SHA 收回 1/100，试分配此时各航段的业载。

```
                    5/500           4/400
        PEK ——————— SHA ——————— SZX ——————— CAN
        50/5 000        50/3 000        50/4 000
```

解：

```
                        −1/100
                    5/500           4/400
        PEK ——————— SHA ——————— SZX ——————— CAN
        50/5 000        50/3 000        50/4 000
                                        4/400
                                        46/4 600
                        4/400           4/400
                        46/2 600        42/4 200
        42/2 600        42/2 600        42/2 600
        8/2 400         4/0             0/1 600
        4/0             4/0
        4/2 400         0/0
        4/2 400                         0/1 600
        0/0                             0/0
```

各航段业载分配如下：

PEK—SHA：4/2 400。

PEK—SZX：4/0。

PEK—CAN：42/2 600。

SHA—CAN：4/400。

SZX—CAN：4/400+0/1 600=4/2 000。

分析：

从 PEK 出发时已分配的座位/吨位：4/2 400+4/0+42/2 600=50/5 000。

从 SHA 出发时已分配的座位/吨位：4/0+42/2 600+4/400=50/3 000。

从 SZX 出发时已分配的座位/吨位：42/2 600+4/400+4/2 000=50/5 000。

（二）比较法

通过画线法进行航段业载分配易于读者理解，其计算思路清晰，但计算步骤较多，费时且易出错。还有一种分配航段业载的方法，即通过比较航站之间的业载，确定相应航段的可用业载，这种方法称为比较法。下面通过举例进行分析。

1. 中途站无固定配额，也无临时索让

例 2-13 以例 2-7 说明比较法的原理和步骤。

$$\text{PEK} \longrightarrow \text{SHA} \longrightarrow \text{SZX} \longrightarrow \text{CAN}$$
$$46/4\,250 \qquad 46/4\,430 \qquad 46/4\,150$$

解：用 PEK 的可用座位/可用吨位与 SHA 进行比较。

$$\text{PEK—SHA：} 46/4\,250-46/4\,430=0/-180。$$

两站的可用座位之差为 0，说明如果飞机在 PEK 有 48 名旅客，则恰好可以通过 SHA；两站的可用吨位之差为-180，说明飞机在 PEK 装载 4 250 kg 的业载时可以通过 SHA，而且 SHA 还有 180kg 剩余吨位。由于优先分配远程吨位，因此 PEK—SHA 航段的可用业载为 0/0。

再把 PEK 和 SZX 的可用座位/吨位进行比较。

$$\text{PEK—SZX：} 46/4\,250-46/4\,150=0/100。$$

两站的可用座位之差为 0，说明如果飞机在 PEK 有 48 名旅客，则恰好可以通过 SZX；两站的可用吨位之差为 100 kg，说明飞机在 PEK 装载 4 250 kg 的业载时，只有其中的 4 150 kg 可以通过 SZX，剩余的 100 kg 业载必须在 SZX 卸下。因此 PEK—SZX 航段的可用业载为 0/100。

从 PEK 的最大可用座位/吨位中扣除已分配给 PEK—SHA 航段的可用业载后，剩余部分即 PEK—SZX 航段的可用业载，即 46/4 150。

由于 SHA 还有剩余吨位 180kg，而 SZX 没有剩余吨位，因此 SHA 的 180kg 吨位只能利用到 SZX，于是 SHA—SZX 航段的可用业载为 0/180，而 SHA—CAN 航段及 SZX—CAN 航段均无可用业载。

2. 中途站有固定配额，但无吨位索让

对于中途站来说，应先在本站的最大可用座位/可用吨位中减去本站及后方中途站的固定配额，然后用剩余额与其他站进行比较。

例 2-14 试利用比较法求解例 2-8。

$$\qquad\qquad\qquad 5/500 \qquad\qquad 4/400$$
$$\text{PEK} \longrightarrow \text{SHA} \longrightarrow \text{SZX} \longrightarrow \text{CAN}$$
$$50/5\,000 \qquad 50/3\,000 \qquad 50/4\,000$$

解：

PEK—SHA：$50/5\,000-(50/3\,000-5/500)=5/2\,500$。

PEK—SZX：$(50/5\,000-5/2\,500)-(50/4\,000-4/400-5/500)=4/-600$，即 4/0。

PEK—CAN：$50/5\,000-5/2\,500-4/0=41/2\,500$。

SHA—CAN：$50/3\,000-41/2\,500-4/0=5/500$。

SZX—CAN：$50/4\,000-5/500-41/2\,500=4/1\,000$。

3. 中途站有固定配额，也有临时索让

（1）中途站向始发站索取吨位。对于中途站来说，应先在本站的最大可用座位/吨位中减去本站及后方中途站的固定配额及其索取吨位，然后用剩余额进行比较。

例 2-15 试利用比较法求解例 2-9。

```
                    +5/500              +1/100
                    15/1 500            10/1 000
        PEK ——————— SHA ——————— SZX ——————— CAN
        90/8 000            90/7 000            90/9 000
```

解：

PEK—SHA：90/8 000−(90/7 000−15/1 500−4/400)=19/2 900。

PEK—SZX：(90/8 000−19/2 900)−(90/9 000−10/1 000−1/100−15/1 500−5/500)=12/−800，即 12/0。

PEK—CAN：90/8 000−19/2 900−12/0=59/5 100。

SHA—CAN：90/7 000−59/5 100−12/0=19/1 900。

SZX—CAN：90/9 000−15/1 500−5/500−59/5 100=11/1 900。

（2）中途站向后方中途站索取吨位。对于向后方中途站索取吨位的情况，先不考虑中途站之间的索让问题，在航线业载分配完毕后，再在让出站的相应航段减去让出数额，在索进站的相应航段加上索取数额，并注意让出额可使用至索进站。

例 2-16 试利用比较法求解例 2-10。

```
                                +1/100
                    −1/100      +1/100
                    5/500       4/400
        PEK ——————— SHA ——————— SZX ——————— CAN
        50/5 000            50/3 000            50/4 000
```

解：

PEK—SHA：50/5 000−(50/3 000−5/500)=5/2 500。

PEK—SZX：(50/5 000−5/2 500)−[50/4 000−(5/500−1/100)−5/500]=4/−600，即 4/0。

PEK—CAN：50/5 000−5/2 500−4/0=41/2 500。

SHA—SZX：1/100。

SHA—CAN：5/500−1/100=4/400。

SZX—CAN：4/400+2/200+2/200=8/800。

（3）中途站向前方中途站索取吨位。

例 2-17 试利用比较法求解例 2-11。

```
                    +1/100      −1/100
                    5/500       2/200
        PEK ——————— SHA ——————— SZX ——————— CAN
        90/8 000            90/7 000            90/9 000
```

解：

PEK—SHA：90/8 000−(90/7 000−5/500−1/100)=6/1 600。

PEK—SZX：(90/8 000−6/1 600)−(90/9 000−5/500−1/100−1/100)=1/−1900，即 1/0。

PEK—CAN：90/8 000-6/1 600-1/0=83/6 400。
SHA—CAN：5/500+1/100=6/600。
SZX—CAN：2/200-1/100+0/1900=1/2 000。

（4）始发站向中途站收回一部分吨位。

例 2-18 试利用比较法求解例 2-12。

$$
\begin{array}{cccc}
 & -1/100 & & \\
 & 5/500 & 4/400 & \\
\text{PEK} \longrightarrow & \text{SHA} \longrightarrow \text{SZX} \longrightarrow & \text{CAN} \\
50/5\ 000 & 50/3\ 000 & 50/4\ 000 &
\end{array}
$$

解：
PEK—SHA：50/5 000-[50/3 000-(5/500-1/100)]=4/2 400。
PEK—SZX：(50/5 000-4/2 400)-[50/4 000-4/400-(5/500-1/100)]=4/-600，即 4/0。
PEK—CAN：50/5 000-4/2 400-4/0=42/2 600。
SHA—CAN：5/500-1/100=4/400。
SZX—CAN：4/400+0/600=4/1 000。

第四节　多航段航班配载及航班超载处理

一、多航段航班始发站的预配和结算

对于多航段航班，当某个航段没有可用业载或者可用业载少于实际业载时，该航段的实际业载应照样进行配运，出现的超载部分可由一个或几个更远航段的空载抵消。

例 2-19 某航线情况为 PEK—SHA—SZX—CAN，试进行预配和结算。用比较法或画线法分配各航段可用业载，得到由 PEK 出发的各航段业载：PEK—SHA 为 5/0，PEK—SZX 为 4/800，PEK—CAN 为 41/3 200。其中，SHA 和 SZX 的固定配额为 5/500 和 4/400。各站售票情况：PEK—CAN 为 20，PEK—SZX 为 10，PEK—SHA 为 5，全部为成人。根据邮局的收寄和以往收运情况推测，预留邮件重量：PEK—SHA 为 50 kg，PEK—SZX 为 50 kg，PEK—CAN 为 80kg。货运部门选配货物进行预配时，仓库的待运货物情况：PEK—SHA 为 50 kg，PEK—SZX 为 100 kg，PEK—CAN 为 10 kg。办理完乘机手续，在值机柜台关闭后，航班实际的业载情况如表 2-1 所示。

表 2-1　航班实际的业载情况

航　段	旅客/人	行李/kg	邮件/kg
PEK—SHA	6	40	30
PEK—SZX	10	80	40
PEK—CAN	25	300	50

解：（1）预配，结果如表 2-2 所示。

表 2-2 预配结果

航段	可用业载	旅客/人	行李/kg	邮件/kg	可配货物/kg	合计/kg	备注/kg
PEK—SHA	5/0	6/432	90	50	-572/0	6/572	1/522
PEK—SZX	4/800	10/720	150	50	-120/0	10/920	6/920
PEK—CAN	41/3 200	25/1 800	375	80	945/253	25/2 508	-16/0
合计	50/4 000					41/4 000	

表 2-2 中,"可配货物"表示"剩余吨位/可配货物重量",其计算公式为:剩余吨位/可配货物重量=可用业载-旅客重量-行李重量-邮件重量。当结果为负数时,说明该航段在配运旅客、行李和邮件后已经超载,因此已经没有吨位配运货物,故可配货物重量应为 0。

由表 2-2 可知,PEK—SHA 航段超载 572 kg,PEK—SZX 航段超载 120 kg,而 PEK—CAN 航段空载 945 kg,因此,可以抵消掉前两个航段的超载(572+120) kg=692 kg,故 PEK—CAN 航段的可配货物重量为(945-692) kg=253 kg。

"备注"栏用于辅助进行超载情况的计算,其计算方式为:超载数=合计数-可用业载数,结果为正数表示相应航段超载,结果为负数表示相应航段空载。

(2)选配货物(实配货物重量,其他仍为预配时的数据),结果如表 2-3 所示。

表 2-3 选配货物结果

航段	可用业载	旅客人数	行李	邮件	实配货物	合计	备注
PEK—SHA	5/0	6/432	40	30	50	6/552	1/522
PEK—SZX	4/800	10/720	80	40	100	10/940	6/140
PEK—CAN	41/3 200	25/1 800	300	50	10	25/2 160	-16/-1 040
合计	50/4 000					41/3 652	

注意:PEK—SHA 和 PEK—SZX 航段虽然可配货物重量为零,但是在远程航段 PEK—CAN 上还有吨位剩余,剩余量足够用来配送近程航段的货物,因此,PEK—SHA 和 PEK—SZX 航段的货物可以全部装机配送。

(3)结算,分为以下三个航段。

PEK—SHA 航段:1/522 +6/140+(-16/-1040)=-9/-378。说明飞机在 PEK 起飞时,其座位/吨位都未超载,符合总业载不能超载的要求。

SHA—SZX 航段:6/140+(-16/-1040)=-10/-900。说明在 SHA 按其分配到的可用业载装载后,飞机在 SHA 起飞时,还会有剩余座位/吨位,符合要求。

SZX—CAN 航段:-16/-1 040。说明 SZX—CAN 航段总的超载座位/吨位为-16/-1 040,在 SZX 按其分配到的可用业载装载后,飞机在 SZX 起飞时,还会有剩余座位/吨位(16/1 040),由此可知,SZX 的固定配额没有被占用,符合要求。

对预配结果进行审核后可知,预配的结果可以通过。

二、多航段航班经停站的预配和结算

经停站的配载内容与始发站的配载大体相同。其不同之处在于,经停站的实际可用业载不等于其最大可用业载,而应是从其最大可用业载中减去过站业载,即:经停站的实际可用业载=最大可用业载-该站的过站业载。而该站的过站业载则由始发站及所有后方中途站拍发给该站的载重电报来确定。由于始发站及所有后方中途站在配载时都应做到不占用前方站的固定配额和临时索让,因此,通常经停站的实际可用业载中不低于其固定配额和索取吨位。

经停站的配载也分为预配和结算两个步骤。先按照航段业载分配结果进行预配,在接到后方站发来的航班载重电报后,从本站的最大可用业载中减去本站的过站业载,算出本站的实际可用业载并进行航段业载分配,据此进行结算。

计算出经停站的实际可用业载后,如果由该站出发的航段只有一条,则可以根据实际可用业载直接进行配载。如果由该站出发的航段有多条,那么还要把本站的实际可用业载在由本站出发的各航段上进行分配,然后根据各航段业载分配结果进行预配和结算。

对于多航段航班来说,各站要互相配合,顾全大局,以提高整个航线的运输经济效益。如果后方站缺载而本站又可以利用空出的吨位,在本站有待运业载时应加以利用。如果后方站占用了本站的吨位而影响本站的装载时,则应根据实际情况决定是否拉卸过站货物。

当多航段航班只有一个经停点时,其配载相对简单,可以不用画表格,直接简化进行。

例 2-20 已知某航线情况如下:

```
                7 000
    SHA ─────── SZX ─────── SYX
   18 161         16 291
```

配载员预配时了解到售票情况:SHA—SZX 为 60/01/00,SHA—SYX 为 67/02/00。邮局协议邮件为 0 kg。该航线待运货物情况:SHA—SZX 为 3 330 kg,SHA—SYX 为 2 470 kg。办理完乘机手续后的实际业载情况如表 2-4 所示。根据以上情况写出配载员预配和结算的过程。

表 2-4 办理完乘机手续后的实际业载情况

航 段	旅客/人	行李/kg	邮件/kg
SHA—SZX	68/01/01	500	72
SHA—SYX	69/02/00	370	64

解:

(1) 各航段业载分配。

```
                7 000
    SHA ─────── SZX ─────── SYX
   18 161         16 291
                7 000
    9 291          9 291
    8 870
    8 870
       0
```

由 SHA 出发的各航段业载分配如下：

SHA—SZX：8 870 kg

SHA—SYX：9 291 kg

此处默认航班座位足以提供给相应航段的旅客使用，所以只围绕运力吨位进行计算。同样，因为是始发站进行配载，所以不需要归纳 SZX 的业载分配结果。

（2）预配。

SHA—SZX：

预留旅客、行李、邮件重量分别为：(60×72+1×36+0) kg=4 356 kg; 915 kg; 0 kg。

因此，可配货物重量为：(8 870-4 356-915-0) kg=3 599 kg。

SHA—SYX：

预留旅客、行李、邮件重量分别为：(67×72+2×36+0) kg=4 896 kg;1035 kg;0 kg。

因此，可配货物重量为：(9 291-4 856-1 035-0) kg=3 360 kg。

因为仓库待运货物：SHA—SZX 为 3 330 kg，SHZ—SYZ 为 2 470 kg，所以可以全部配上飞机。

（3）结算。

SHA—SZX 实际旅客、行李、邮件、货物重量分别为：(68×72+1×36+10) kg= 4 942 kg; 500 kg; 72 kg; 3 330 kg。共(4 942+500+72+3 330) kg = 8 844 kg<8 870kg。

SHA—SYX 实际旅客、行李、邮件、货物重量分别为：(69×72+2×32+0) kg = 5 040 kg; 370 kg; 64 kg; 2 470 kg。共(5 040+370+64+2 470) kg = 7 944 kg<9 291 kg。

所以，预配阶段选配的货物不会造成航班超载，飞机配载结束。

三、航班超载处理

航班超载主要有两种情况。第一种情况是航班尚未配货就已经有超载迹象，这主要是航班超售造成的。根据航班出票情况、估计行李数、以往的协议邮件量，判断航班有可能出现超载，这种情况称为预配阶段超载。另一种情况在航班关闭后、配载结算时发生，因为实际乘机的旅客、行李、邮件重量大大超出预配时的估计，造成预配时选配的货物没有足够的运力运输，出现超载，这种情况称为结算阶段超载。两种超载形式发生的时间和原因虽然不相同，但其在处理上是相似的。在超载时，一般按货物、邮件、行李的顺序拉下适当的载量。需要拉下货物、邮件、行李时，应及时通知货运部门，由货运部门选择拉下何种货物、邮件、行李。

例 2-21 某航线情况为 PEK—SHA—SZX—CAN，试进行预配和结算。用比较法或画线法分配各航段可用业载，得到由 PEK 出发的各航段业载：PEK—SHA 为 5/0，PEK—SZX 为 4/800，PEK—CAN 为 41/3 200。其中，SHA 和 SZX 的固定配额分别为 5/500 和 4/400。各站售票情况：PEK—CAN 为 20，PEK—SZX 为 10，PEK—SHA 为 5，全部为成人。根据邮局的收寄和以往收运情况推测，预留邮件重量：PEK—SHA 为 50 kg，PEK—SZX 为 50 kg，PEK—CAN 为 80 kg。货运部门选配货物进行预配时，仓库的待运货物情况：PEK—SHA 为 50 kg，PEK—SZX 为 100 kg，PEK—CAN 为 10 kg。办理完乘机手续,在值机柜台关闭后,航班实际的业载情况如表2-5所示。

表2-5 航班实际的业载情况

航 段	旅客/人	行李/kg	邮件/kg
PEK—SHA	6	40	30
PEK—SZX	10	80	500
PEK—CAN	25	300	50

解:(1)配载。配载结果如表2-6所示。

表2-6 配载结果

航段	可用业载	旅客人数	行李	邮件	实配货物	合计	备注
PEK—SHA	5/0	6/432	40	30	50	6/552	1/522
PEK—SZX	4/800	10/720	80	500	100	10/1 400	6/600
PEK—CAN	41/3 200	25/1 800	300	50	10	25/2 160	-16/-1 040

(2)审核。

PEK—SHA:1/522 +6/600+(-16/-1 040)=-9/82。说明飞机在PEK起飞时,其吨位超载82 kg,不符合要求。

SHA—SZX:6/600+(-16/-1 040)=-10/-440,符合要求。

SZX—CAN:-16/-1 040,符合要求。

(3)处理。将PEK—SHA的货物卸下82kg。此时有

PEK—SHA:1/522 +6/518+(-16/-1 040) =-9/0。

SHA—SZX:6/518+(-16/-1 040)=-10/-522。

SZX—CAN:-16/-1 040,符合要求。

第三章

货运装载

本章学习目标
1. 飞机的货舱状态及限制条件。
2. 飞机的货运装载规则。
3. 飞机的集装货物装载规则。
4. 飞机的特种货物装载规则。
5. 装机通知单的填写方法。

第一节　货舱状态及限制条件

一、飞机的舱位布局

目前，国内航空货运的形式主要是腹舱载货。腹舱载货的运输周转量和运输量分别占货运总量的86%和94%。

（一）飞机的舱位结构

飞机主要分为两种舱位，即主舱（main deck）和下舱（lower deck）。但有些机型（如B747）分为三种舱位，即上舱（upper deck）、主舱和下舱。

（二）机型的分类

按照不同的标准，飞机被划分为不同的类型。

1. 根据主舱的装载对象分类

（1）客机（passenger aircraft）。
（2）货机（freighter aircraft）。
（3）客货两用机（mixed passenger/freighter aircraft）。

2. 根据主舱容积分类

（1）窄体飞机（narrow-body aircraft）。
（2）宽体飞机（wide-body aircraft）。

3. 根据载货的类型分类

（1）散货型飞机（bulk cargo aircraft）。窄体飞机的下舱属于非集装货舱，因此该类机型绝大部分属于散货型飞机。
（2）集装型飞机（ULD cargo aircraft）。全货机及宽体客机均属于集装型飞机，可装载机装设备。

（三）货舱布局

货舱一般位于飞机的下腹部，有前货舱和后货舱，通常情况下被分成若干个分货舱

（compartment）。

1. 窄体飞机

其下舱仅用于装运散装货物，通常称为散货舱。

2. 宽体飞机

其主下舱主要装载集装货物，因此也称为集装货物舱。大多数宽体飞机的下舱也设置散货舱。

航空货运主要分为货机运输和客机腹舱运输。货机的货舱和客机的货舱都是用来存放和运送货物的，货舱的装载能力主要受重量、容积、舱门尺寸和地板承受力的限制，尤其是客机的腹舱，其限制比较多，对单件货物的重量、尺寸要求比较严格。

同样是客机，宽体飞机（俗称大飞机）和窄体飞机（俗称小飞机）货舱的限制有很大不同。例如一般的托盘货，窄体飞机就无法装运，因为窄体飞机的舱门太小，托盘货装不进去。所以只要是托盘货，就只能采用宽体飞机或货机运输。如果不是直航，需要中转，尤其要注意续程航班是宽体飞机还是窄体飞机。

（四）货舱货物限制

1. 货物重量限制

由于飞机结构的限制，飞机制造商规定了每个货舱可装载货物的最大重量限额，任何情况下所装载的货物重量都不可以超过此限额。否则，飞机的结构很有可能遭到破坏，飞行安全会受到威胁。窄体飞机只能装载散货，不能装载集装货物，每件货物重量一般不超过 80 kg，体积一般不超过 40 cm×60 cm×100 cm；宽体飞机既可装载散货，也可装载集装货物，每件货物重量一般不超过 250 kg，体积一般不超过 100 cm×100 cm×140 cm。超过上述重量和体积的货物，应根据航线、机型及始发站、中转站和目的站的装卸设备条件，征求有关航空公司的意见，经同意后决定是否发运。

具体机型重量限制：以常见的窄体机型 B737 为例，其载重量为 5~8 t，B737-200 型与 B737-300 型的载重量为 5 731 kg（前货舱 2 269 kg，后货舱 3 462 kg），B737-800 型的载重量为 8 408 kg（前货舱 3 558 kg，后货舱 4 850 kg）。

2. 容积限制

由于货舱内可利用的空间有限，因此，总容积也成为运输货物的限制条件之一。轻泡货物可能占满了货舱内的空间，却未达到重量限额；相反，高密度货物的重量已达到限额，而货舱内仍有很多剩余空间无法利用。上述情况和整车物流模式相同，一个货车的容积是固定的，将轻泡货物和高密度货物混运装载是比较经济的解决方法。承运人有时提供一些货物的密度参数作为混运装载的依据。

具体机型容积限制：以常见的窄体机型 B737 为例，B737-200 型与 B737-300 型的货舱载货体积为 24.7 m^3，B737-800 型的货舱载货体积为 45 m^3。

3. 舱门限制

由于货物只能通过舱门装入货舱，因此货物的尺寸必然会受到舱门的限制。为了便于确定一件货物是否可以装入散舱，飞机制造商一般会提供散舱舱门尺寸表，表内数据以米和英寸（m 和 in）两种计量单位公布。

具体机型的舱门限制：以常见的窄体机型 B737 为例，其舱门高度为 86 cm 和 88 cm，但同样是窄体机型的 A320，其舱门高度为 124cm。图 3-1 所示为 B747-200Combi 型飞机的客、货舱位分布图。从图中可以看出，运输方式为客、货混装型。

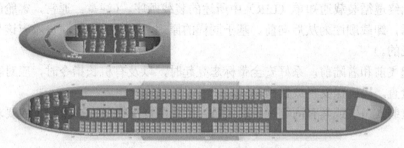

图 3-1　B747-200Combi 型飞机的客、货舱位分布图

二、飞机货舱布局

从结构上讲，现代飞机的内部容积可以划分为主舱和下舱，下舱作为货舱又有前货舱、后货舱和散货舱之分。从图 3-1 中可以清楚地看到其具体分布及可利用情况。除了 B747 外，其他种类的飞机都没有上舱。

（一）主舱

一般民用飞机的主舱基本上是客舱。在全部用于载货的飞机上，客舱也要装货。当客舱用于货物运输时，货物被装在货舱里（散装货物）、座位上（经特殊安排）、集装板上和集装箱里。

（二）下舱

一般民用飞机的下舱都是用来装货的，大型飞机的下舱又分为前货舱、后货舱及散货舱。当下舱用于货物运输时，货物被装在货舱里（散装货物）、集装板上和集装箱里。

第二节　货运装载规定与集装货物装载

一、装载货物的一般规则

在客舱中装载货物时应遵守以下规则。
（1）放置在客舱的货物重量应符合各装载位置的附加限制。
（2）确保货物可视、无遮挡、有明显的标识并远离任何热源。

（3）确保减压孔不被堵塞。

（4）确保侧壁（地板）通风口周围有足够的间隙（至少 5 in，1 in=2.54 cm）用于减压。

（5）确保指示应急设备位置的标牌不被阻挡，确保拿取应急设备不受阻碍。

（6）确保通道和撤离路线畅通。

（7）始终遵循装载通知单（LIR）中所述的装载顺序。（注意：通常，客舱的装载顺序为从前向后，卸载顺序为从后向前。基于同样的原理，飞机的后机腹货舱应该是最后装载并最先卸载的。）

（8）起飞前和着陆前，系好安全带标志亮起时，以及有机长指令时，应对客舱装载的货物进行检查，以确保妥善放置和稳固。

（9）监装人员（或具有同等资质的人员）负责监督货物严格按照 LIR 的要求装卸。

二、货物在不同装载位置的附加限制

（一）在现有可以装载位置的附加限制

将货物装在头顶行李架、壁橱、落地式储物柜，标有最大承载量的隔板和座椅下的储物区时，应遵守以下限制。

（1）不得超过装载区域的最大容量限制。

（2）如果货物存放在座椅下，则座椅应配备约束杆系统，并且货物应完全放置在座椅下。每件货物的重量不得超过 9 kg。

（3）不得将物品存放在不能限制物品向前、向侧面或向上移动的客舱壁板上，除非客舱壁板上有标明最大载量的标牌。

（4）货物不应放置在可能妨碍使用应急设备的地方。

（5）货物不能超过存放区域标牌标明的最大载量。

（6）放置在封闭存放区内的货物，其大小不得妨碍带锁门安全关闭。

（二）旅客座椅上装载货物的附加限制

建议用保护材料覆盖所有座椅。材料应选用满足 12 s 垂直燃烧要求的材料，如具有良好抗撕裂性和抗刺穿性的涂层玻璃纤维布、Kevlar 或 Nomex 布，防火毡（用于座椅），以前拆下的旧座椅套，等等。

通常，在乘客座椅上装载货物时还需要满足以下要求。

（1）确保座椅靠背处于直立位置。

（2）将安全带放在坐垫后面。

（3）尽可能折叠内侧扶手。

（4）座椅上装载的货物重量不得超过座椅限制。一般情况下，每个座椅上的载荷重量不能高于 77 kg。

（5）货物重量应均匀分布在整排座椅上。

(6) 均匀分配货物的实际重量和载荷，以确保符合飞机飞行手册（AFM）、飞机重量和平衡手册及最低飞行重量限制等的要求。

(7) 货物的重心（CG）应等于或低于航空器制造商配重和平衡手册或类似文件中所报告的在用座椅包线图中所示的乘客重心。

(8) 重量和平衡计算时应考虑货物载荷，并遵守所有的航空器运行限制。

(9) 客舱内工作人员不得与货物共用座位排，且必须在货物占用座椅和客舱内工作人员预留的座位之间至少有一行空座位间隔。

（三）客舱地板上装载货物的附加限制

在客舱地板上装载货物时，应将货物约束装置直接连接到座椅轨道上，通常有以下附加限制。

(1) 在固定货物的区域前、后至少各留一整排不被任何人员或货物占用的空座位。

(2) 最大货物重量不得超过飞机制造商所推荐的任何紧固方案的值。

(3) 货物应均匀地分布在货物固定区域，且不得超过飞机制造商建议的相应区域的载荷限制。

(4) 直接放置在地板上的货物不能超过载重平衡手册中的地板载荷限制。

(5) 货物重心高度不得超过飞机制造商所提供的值。

(6) 货物的横向和纵向重心在飞机制造商提供的限制范围内（一般在紧固区中心的±10%）。

(7) 货物不得占用和影响过道、门口、厨房或紧急出口区域。

(8) 必须注意，被固定的货物载荷不应分配到厨房、厕所、隔墙或其他任何固定结构上。

三、集装货物装载

（一）集装器

1. 集装器的概念

国际航空运输协会（IATA）将航空运输中使用的集装箱（板）称为"成组器"，而我国习惯将其称为集装器。这里所说的集装器是指可装在飞机的机舱内，与固定装置直接接触，不用辅助器具就能将其固定的装卸工具。集装器被视为飞机构造中可拆卸的一部分。这种集装器又分为部件组合式和整体结构式两种。部件组合式包括托盘、护网和非固定结构圆顶；整体结构式又分为主货舱用集装箱、下部货舱用集装箱和固定结构圆顶。

能放集装器的飞机货舱底部一般均设置滚轴及叉眼装置，集装器的底部直接与这些装置接触，可使集装器平稳地进入货舱并牢固地固定在机舱内。

采用集装器运输是为了更好地处理大体积特别是大批量的货物运输，可将货物按一定的流向装入集装器（集装箱或集装板）内进行整装整卸。这样大大减少了货物的装机和卸机时间，而货物运输的安全性也得以大幅提高。

所谓集装器运输，是指将小件货物预先装入集装器（集装箱或集装板）内，再以集装器的形式运输。现在，集装器已经被看作飞机结构中可移动的部件。因此，无论何时它们都应该处于良好的工作状态。在设计和制造这些设备时，要求其尺寸精确并标准化，使其确实变为飞机的一个部件，便于整装整卸。

2. 集装器的分类

集装器可以分为以下两类。

（1）部件组合式：

① 飞机集装板加网套。

② 飞机集装板加网套再加一个非结构性的集装棚。

（2）整体结构式：

① 底舱货物集装箱。

② 主舱货物集装箱。

③ 结构性的集装棚、集装板。

3. 集装器的识别

（1）识别代码的作用。集装器的识别代码是国际航空运输协会规定的表示集装器的种类、规格和所属人的代码。装卸飞机、地面操作、信息传递、控制、市场销售和结算等工作都是利用集装器识别代码进行信息交换的。

（2）识别代码的组成。国际航空运输协会规定，集装器的识别代码由三部分（代码、编号、承运人）共10个字符组成。

例如，集装器的识别代码为AKE31665CA。其中：A为集装器代码；K为集装器底板尺寸代码；E为标准拱外形和适配代码；31665为集装器识别编号；CA为集装器所属承运人。

1984年以后所使用的集装器底板尺寸代码与之前的代码不同，由于允许旧代码保留在旧的集装器上，因此这些旧集装器上标注的仍然是旧代码。例如，AVE2001CA与AKE3001CA是底板尺寸与外形完全相同的两个集装箱；而P6P5001CA与PMC7001CA是底板尺寸完全相同的两块集装板。

① 集装器种类标称。A/D为集装箱，P/F为集装板，R为保温集装箱。

② 集装器的编号。集装器的编号由三部分组成，第一部分由三个英文字母组成，第二部分由四位（或五位）数字组成，第三部分由空运企业二字英文代号组成，如AKE70001CZ。

a. 第一部分。第一位英文字母是集装器的种类代号，其含义如表3-1所示。

表3-1 集装器种类代号的含义

字 母	含 义
A	CERTIFIED AIRCERAFT CONTAINER 适航审定的集装箱
D	NON-CERTIFIED AIRCRAFT CONTAINER 非适航审定的集装箱

续表

字 母	含 义
F	NON-CERTIFIED AIRCRAFT PALLET 非适航审定的集装板
G	NON-CERTIFIED AIRCRAFT PALLET NET 非适航审定的集装板网套
J	THERMAL NON-STRUCTURAL CONTAINER 非适航审定的结构保温集装箱
M	THERMAL NON-CERTIFIED AIRCRAFT CONTAINER 非适航审定的保温集装箱
N	CERTIFIED AIRCRAFT PALLET NET 适航审定的集装板网套
P	CERTIFIED AIRCRAFT PALLET 适航审定的集装板
R	THERMAL CERTIFIED AIRCRAFT CONTAINER 适航审定的保温集装箱
U	NON-STRUCTURAL IGLOO 非结构集装棚

第二位英文字母是集装器底板的尺寸代号，如表 3-2 所示。

表 3-2 集装器底板的尺寸代号

字 母	英制/（in×in）	公制/（mm×mm）
A	88×125	2 235×3 175
B	88×108	2 235×2 743
E	88×53	2 235×1 346
F	96×117.75	2 438×2 991
G	96×238.5	2 438×6 058
H	96×359.25	2 438×9 125
J	96×480	2 438×12 192
K	60.4×61.5	1 534×1 562
L	60.4×125	1 534×3 175
M	96×125	2 438×3 175
N	61.5×96	1 562×2 438
P	47×60.4	1 194×1 538
Q	60.4×96	1 534×2 438
X	96<最大长度<125	2 438<最大长度<3 175
Y	最大长度<96	最大长度<2 438
Z	最大长度>125	最大长度>3 175

第三位英文字母（也有用数字的）是集装器的顶外形可适用的机型代号，如表 3-3 所示。

表 3-3 集装器的顶外形可适用的机型代号

代 号	含 义
E	适用于装 B747、A310、DC-10、L1011 等机型下货舱无叉眼装置的半型集装箱（LD3）
N	适用于装 B747、A310、DC-10、L1011 等机型下货舱有叉眼装置的半型集装箱（LD3）

续表

代 号	含 义
4	适用于装 B747、A310、DC-10、L1011 等机型下货舱有叉眼装置的半型集装箱（IGLOO）
P	适用于装 B747 Combi 上舱及 B747、DC-10、L1011、A310 下舱的集装箱
A	适用于装 B747F 上舱的集装箱
G	表示符合 NAS3610 RESTRAINT 2A4 代号和 IATA FITTING CODE 10/10 代号标准的集装箱

b. 第二部分。第二部分是集装器所属空运企业自行编排的序号，由一至五位数字组成。

c. 第三部分。第三部分是集装器所属空运企业的二字代号（或三字代号）。

（二）集装板

1. 集装板的构造及用途

集装板是一个具有平整底面的集货平台，其结构如图 3-2 所示。

图 3-2　飞机集装板

集装板是一块铝制的平板，其厚度通常不大于 1 in，四周有用于固定的网扣，中间略微凹入，货物摆放在上面后，由薄膜缠绕整齐并加盖网罩（可以是用绳子或带子编成的菱形或方形的网套）固定。常用的集装板型号有 PEB、PMC、P6P、PAJ 等。

货物在地面被预先放在集装板上，并用一张网套盖住，然后使用机械装机。集装板装机后被固定在飞机货舱地板上，从而达到快速装卸的目的。

2. 集装板的载货情况及数据

下面以 PEB 集装板的载货情况为例进行介绍。

图 3-3 所示为 PEB 集装板的载货情况，其技术数据如下。

集装板类型：PEB Pallet。

集装板尺寸：223 cm×134 cm×213 cm。

集装板重量：55 kg。

集装板最高可容重量（包括集装板重量）：1 800 kg（B-HIH-1 300 kg）。

集装板适载机型：B747F。

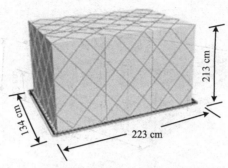

图 3-3　PEB 集装板的载货情况

3. 几种常用的集装板规格及适用范围

（1）20 尺板（PGA）：606 cm×244 cm×300 cm；适用范围：B747F。

（2）PMC 高板（Q7）：318 cm×244 cm×300 cm；适用范围：B747、B777、B747F、Airbus。

（3）PMC 中板（Q6）：318 cm×244 cm×244 cm；适用范围：B747、B777、B747F、Airbus。

（4）PMC 低板（LD）：318 cm×244 cm×163 cm；适用范围：B747、B777、B747F、Airbus。

（5）FEB 窄板：223 cm×134 cm×213 cm；适用范围：B747F。

（6）PLA 窄板：318 cm×153 cm×163 cm；适用范围：B747、B777、B747F、Airbus。

（三）集装箱

空运集装箱主要是用铝板制成的封闭箱子，它与飞机上的装载和固定系统直接结合而不需要任何附属设备。集装箱的坚固程度足以保证所装货物的安全，并且能防止飞机损坏。所以它可以很好地保护货物，同时可以用于制冷和保鲜，一般鲜活产品都要用集装箱运输。另外，还有一些箱子有特殊的用途，如挂衣、危险品运输等。

集装箱有多种形状，这主要是为了充分利用飞机机舱内的装载空间。常用的集装箱型号有 AKE、AAU、AMA 等，如图 3-4 所示。

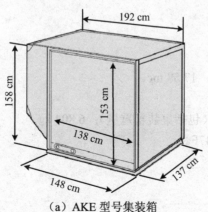

（a）AKE 型号集装箱

图 3-4　常用的集装箱型号

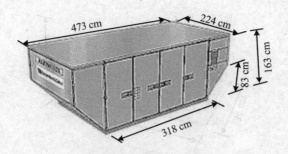

（b）AAU 型号集装箱

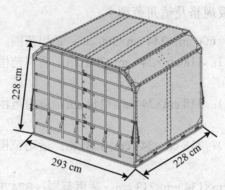

（c）AMA 型号集装箱

图 3-4　常用的集装箱型号（续）

图 3-4（a）：

集装箱类型：AKE。

ATA 代码：LD3。

集装箱容量：152cu.ft[①]，4.3mc[②]。

集装箱重量：100 kg。

集装箱最高可容重量（包括集装箱重量）：1 588 kg。

集装箱适载机型：B747，B747F，B777，Airbus。

图 3-4（b）：

集装箱类型：AMA。

ATA 代码：M1。

集装箱容量：621cu.ft，17.58 mc。

集装箱重量：360 kg。

集装箱最高可容重量（包括集装箱重量）：6 804 kg。

集装箱适载机型：B747F。

图 3-4（c）：

集装箱类型：AAU。

[①] cu.ft 为立方英尺，1cu.ft=0.0283 m³。

[②] mc 为公制立方米（metric cubic），为集装箱习惯标注方法。

ATA 代码：LD29。

集装箱容量：505cu.ft，14.3 mc。

集装箱重量：355 kg。

集装箱最高可容重量（包括集装箱重量）：4626 kg。

集装箱适载机型：B747，B747F。

（四）对集装货物的限制

首先说明，前面对散装货物所规定的限制条件，这里仍然适用。

1. 重量

飞机上的每个部位都存在一个最大载量。集装器作为飞机上的可移动部件，也有其最大允许载量。以下所列的重量为每个集装箱或集装板的最大允许载量。

(1) P1　　88″×125″　　　　6 804 kg。
(2) P2　　88″×108″　　　　4 536 kg。
(3) P3　　79″×88″ 或×92″　1 588 kg。
(4) P4　　96″×196″　　　　9 300 kg。
(5) P5　　88″×53″　　　　1 134 kg。
(6) P6　　96″×125″　　　　6 804 kg。
(7) P7　　96″×238.5″　　　11 340 kg。
(8) P9　　60.4″×125″　　　2 580 kg。

集装箱所标有最大允许载量，任何时候都不准超载装箱。尽管各个航空公司都根据正常的装载可能性规定每个集装箱或集装板的最大允许载量，但是，这个重量都低于上文所示的重量。如果某承运人发现某个集装箱或集装板超过了最大允许载量，必须尽快处理，使其重量降至标准载量值之内。

2. 体积/尺寸

对于集装箱来说，其内部所装货物的体积限制是不言而喻的。应该把重点放在如何为集装板制定体积限制上。一个集装板的底座适用于几种机型的货舱，但是集装板上所装货物的形状要与所承运的飞机货舱内部形状相适应（各种机型货舱的最大允许横截面均已公布，需要时可以查阅相关资料）。

为了控制集装板上所装货物的体积和形状，可以使用一个与飞机货舱横截面的轮廓一样大小的模型架来进行限制。用这种方法装板既不会超过允许尺寸，又正好能够装入指定的飞机货舱。

另外，集装板和集装箱是否能够被一架指定飞机所容纳，不仅取决于该飞机货舱的内部形状，还与飞机货舱门的尺寸和位置有关。在实际工作中，经常采用与飞机货舱内部形状及尺寸要求相符的模型架作为限定集装板上货物造型的工具。

3. 集装器底板的负荷

集装器底板的最大载重量不能超过标准规定。底板的单位面积承受力是根据所采用的设备类型规定的。

当一件比重较大的货物对集装器底板产生的压力大于其最大承受力（即额定最大负荷）时，应为此件货物加垫板，使其重量分散在集装器底板上。

4. 集装箱内货物的限制

虽然有些货物满足前面所规定的集装条件（如重量、体积、集装器底板负荷）限制，但是它们不能装在集装箱内运输。这些货物包括：

（1）危险货物。由托运人或代理人装好的集装箱不能含有危险品（干冰除外）和运输条件上受到严格限制的货物。

（2）动物。由于热血动物和某些冷血动物在运输过程中需要氧气，而完全封闭的集装箱不能满足这一特殊要求，因此该类动物不能用集装箱承运。但某些冷血动物（如热带鱼）则可以用集装箱承运，因为它不需要额外的氧气供应。

5. 集装器挂牌

（1）安放集装器挂牌。使用集装器运输货物、邮件时，应按规定使用集装器挂牌。一般情况下，每个集装箱上都有专门用来装集装器挂牌的小袋子，集装板上的集装器挂牌可直接挂在网套上。使用集装器挂牌的目的是让工作人员识别集装器上所装的货邮情况，便于操作。

（2）集装器挂牌的填制要求。

① 集装器编号：已装货邮的集装器识别代码。
② 卸机站：卸机站三字代码。
③ 货物重量：该集装器所装货邮重量。
④ 箱板重量：集装器自重。
⑤ 总重：③、④项重量之和。
⑥ 承重人签字：负责该集装器货邮承重的经手人签字。
⑦ 装机站：装机站三字代码。
⑧ 航班/日期：装运集装器的航班/日期。
⑨ 舱位：集装器在飞机上的装载位置。
⑩ 所装货物的种类：M 为邮件，C 为货物，在相应的项下画"√"表示。
⑪ 监装人签字：负责监装该集装器货邮的人员签字。
⑫ 特种货物装载备注：集装器装有特种货物时，在此栏内注明特种货物的货运单号码、货物名称、件数、重量等。

四、特种货物装载

特种货物是指在收运、储存、保管、运输及交付过程中，因货物本身的性质、价值、体积或重量等条件需要特别处理的货物。特种货物的运输除了应当符合普通货物运输的规定，还应符合与其性质相适应的特种货物的运输规定。

特种货物包括贵重货物、活体动物、鲜活易腐货物、外交信袋、灵柩骨灰、作为货物运输的行李、超大超重货物及危险品等。在运输特种货物之前，必须查询承运航空公司的操作手册。

特种货物的配载应充分考虑其性质特点，因此，其配载有别于普通货物。

（一）危险物品的装载

危险物品是指在航空运输中，可能危害人身健康、安全或对财产造成损害的物品或物质。

1. 危险物品的分类

根据所具有的危险性不同，危险物品分为九类。其中，有些类别又分为若干项。

（1）第一类：爆炸品。主要包括：具有整体爆炸危险的物品或物质；具有喷射危险，但无整体爆炸危险的物品或物质；具有起火危险、局部爆炸或局部喷射或两者兼有的危险，但无整体爆炸危险的物品或物质，表现为产生大量的辐射热或一个接一个地燃烧并产生轻度的爆炸和/或轻度的喷射危险；不出现重大危险的物品或物质；具有整体爆炸危险性而敏感度极低的物质；无整体爆炸危险性且敏感度极低的物品。

（2）第二类：气体。主要包括易燃气体、非易燃无毒气体和有毒气体。

（3）第三类：易燃液体。

（4）第四类：易燃固体、自燃物质和遇水易燃物质。

（5）第五类：氧化剂和有机过氧化物。

（6）第六类：毒性物质和传染性物质。

（7）第七类：放射性物质。

（8）第八类：腐蚀性物质。

（9）第九类：杂类。

另外，按照危险物品的危险程度，其包装被划分为I级、II级、III级三个等级。

2. 装载原则

装载危险物品时应严格遵守以下原则。

（1）预先检查原则。危险物品的包装件在组装集装器或装机之前，必须进行认真检查，包装件在完全符合要求的情况下，才可继续进行作业。检查的内容包括：外包装无漏洞、无破损，包装件无气味，无任何漏泄及损坏的迹象；包装件上的危险性标签和操作标签正确无误、粘贴牢固，包装件的文字标记（包括运输专用名称、UN 或 ID 编号、托运人和收货人的姓名及地址）书写正确、字迹清楚。

（2）方向性原则。装有液体危险物品的包装件均按要求贴有向上标签（需要时还应标注 THIS SIDE UP）。在搬运、装卸、装集装板或集装箱以及装机的全过程中，必须按该标签的指向使包装件始终保持直立向上。

（3）轻拿轻放原则。在搬运或装卸危险物品包装件时，无论采用人工操作还是机械操作，都必须轻拿轻放，切忌磕、碰、摔、撞。

（4）固定货物、防止滑动原则。危险物品包装件装入飞机货舱后，装载人员应设法将其固定，防止其在飞机飞行过程中倾倒或翻滚，造成损坏。危险物品包装件的装载应符合的要求包括：体积小的包装件不会通过网孔从集装板上掉下；散装的包装件不会在货舱内移动；桶形包装件难以用尼龙带捆绑固定时，要用其他货物卡紧；用其他货物卡住散装的包装件时，必须从五个方向（前、后、左、右、上）卡紧。如果集装箱中的货物未装满（已经使用的容积不超过 2/3），应将货物固定，如图 3-5 所示。

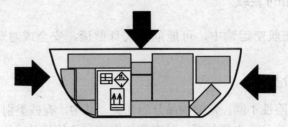

图 3-5　用其他货物卡住危险物品包装件

（5）装载要求。有些不同类别的危险物品，互相接触时可以发生危险性很大的化学反应，这种危险物品称为性质相互抵触的危险物品。为了避免这样的危险物品在包装件偶然漏损时发生危险的化学反应，必须在存储和装载时对它们进行隔离。性质相互抵触的危险物品如表 3-4 所示。

表 3-4　性质相互抵触的危险物品

类或项 B	类或项 A					
	1.4 S	3	4.2	4.3	5	8
1.4 S						×
3					×	
4.2					×	×
4.3					×	×
5		×	×	×		×
8	×		×	×	×	

判断性质相互抵触的危险物品时，以其主要危险性为依据，不考虑其次要危险性。表 3-4 中为"×"处，表示所对应的两种危险物品的性质相互抵触。

另外，性质相互抵触的危险物品包装件在任何时候都不得相互接触或相邻放置。在仓库中存储时，应有 2 m 以上的间隔距离。装在集装板上或在货舱内散装的情况下，可采用以下两种方式中的任何一种：将两种性质相互抵触的危险物品包装件分别用尼龙带固定在集装板或飞机货舱地板上，两者的间距至少为 1 m；用普通货物的包装件将性质相互抵触的两个危险物品包装件隔开，两者的间距至少为 0.5 m。

（6）毒性物质和传染性物质与食品的隔离。毒性物质和传染性物质包装件不得与食品装在同一散舱内，罐装食品除外；不得装在同一块集装板上，而且分装这两种货物的集装板在货舱内不得相邻放置。

（7）毒性物质和传染性物质与活体动物的隔离。毒性物质和传染性物质包装件不得与活体动物装在同一散舱内；不得装在同一块集装板上，而且分装这两种货物的集装板在货舱内不得相邻放置。

（8）干冰的装载。作为货物的冷冻剂而运输的干冰（固体二氧化碳）装入货舱（包括货机的主货舱）的重量不超过表 3-5 中的限制。飞机在经停站着陆时，应打开舱门，以利于空气流通而降低货舱内的二氧化碳浓度。如果需要装卸货物，必须待货舱内空气充分流通后，工作人员才可进入货舱进行装卸作业。

干冰对于活体动物存在两种危险性。一是放出二氧化碳气体，使动物窒息；二是降低周围温度，使动物处于低温环境。

在运输中，干冰与活体动物同货舱或不同货舱装载时，其重量限制如表 3-5 所示。

表 3-5　干冰装载的重量限制

机　型	舱　位	最大重量限制/kg	
		舱内有动物	舱内无动物
B737	1	0	200
	4	0	200
B767	1 或 2	200	1 000
B777	5	100	200
B747-400 Combi	1 或 2	200	1000
B747-200F	3、4 或 5	200	200
B747-400 Combi	主货舱	1 000	1 000
B747-200F	主货舱	3 000	3 400
A340-300	1、2 或 3、4、5	250	1 000

（9）第 4.1 项和第 5.2 项危险物品的装载。在整个装载过程中，含有第 4.1 项的自身反应物质或第 5.2 项的有机过氧化物的包装件或集装器，应避免阳光直射，远离热源，且通风良好，切勿与其他货物码垛在一起。

（10）聚合物颗粒的装载。聚合物颗粒或可塑性成型材料的净重不得超过 100 kg，且必须装在飞行过程中人员不可接近的货舱内或主货舱内的密闭集装器内。

（11）磁性物质的装载。不得将磁性物质装载于直接影响飞机直读磁罗盘或罗盘传感器的位置上，磁性物质应装在飞机后部的下货舱内。

（12）放射性物质的装载。Ⅰ级—白色放射性物质包装件可以装在任何机型的飞机货舱内，既无数量限制也无特殊要求。Ⅱ级—黄色与Ⅲ级—黄色放射性物品包装件的装载，必须遵循预先检查原则、请勿倒置原则、轻拿轻放原则、隔离原则和固定货物防止滑动原则。

放射性物质包装件在客机货舱内的数量限制如表 3-6 所示。

表 3-6　放射性物质包装件在客机货舱内的数量限制

飞机类型	舱　位	包装件数量									
		包装件的高度/cm									
		10	20	30	40	50	60	70	80	90	100
A319、A320	1/2，3/4	5	5	4	3	3	2	1	1	0	0
B737	1，4	5	5	4	3	3	2	1	1	0	0
B767	1/2，3/4，5	9	8	7	7	6	5	5	4	3	3
B747-SP	1/2，4/5	9	8	7	7	6	5	5	4	3	3
B747-400 Combi	1/2，3/4，5 或主货舱	9	8	7	7	6	5	5	4	3	3

续表

飞机类型	舱位	包装件数量									
		包装件的高度/cm									
		10	20	30	40	50	60	70	80	90	100
B757-200	1/2, 3/4, 5	9	8	7	7	6	5	5	4	3	3
A340-300、400	1/2, 3/4, 5	9	8	7	7	6	5	5	4	3	3
		舱内允许的最大运输指数									
		50	50	50	50	50	50	50	50	50	50

对于其他机型的飞机，放射性物质在其货舱内的数量限制以符合隔离原则的要求为准。每个放射性物质包装件的运输指数都不得超过 10。每架客机，全部放射性物质包装件的总运输指数不得超过 50。

3. 放射性物质与人员的隔离

（1）在运输过程中，应尽可能把机组人员和旅客所受到的辐射降到最低水平，放在货舱中的放射性物质Ⅱ级—黄色和Ⅲ级—黄色包装件，必须与人员所处的位置保持一定的间隔距离。

（2）在飞机的货舱内，放射性物质包装件与人员的间隔距离如表 3-7 所示。间隔距离的大小依照放射性物质包装件的总运输指数而定，不必考虑飞机连续飞行的时间。

表 3-7 放射性物质包装件与人员的间隔距离

总运输指数	最小距离/m	总运输指数	最小距离/m
0.1～1.0	0.3	13.1～14.0	2.05
1.1～2.0	0.5	14.1～15.0	2.15
2.1～3.0	0.7	15.1～16.0	2.25
3.1～4.0	0.85	16.1～17.0	2.35
4.1～5.0	1.0	17.1～18.0	2.45
5.1～6.0	1.15	18.1～20.0	2.60
6.1～7.0	1.30	20.1～25.0	2.90
7.1～8.0	1.45	25.1～30.0	3.20
8.1～9.0	1.55	30.1～35.0	3.50
9.1～10.0	1.65	35.1～40.0	3.75
10.1～11.0	1.75	40.1～45.0	4.00
11.1～12.0	1.85	45.1～50.0	4.25
12.1～13.0	1.95	—	—

（3）在位于客舱下面的货舱内，放射性物质包装件最好直接放在地板或集装板上，如图 3-6 所示。

4. 放射性物质与摄影底片的隔离

（1）未显影的摄影底片被射线照射后将会完全报废。Ⅱ级—黄色和Ⅲ级—黄色放射性物质包装件与未冲洗的摄影胶卷或胶片的最小间隔距离，按表 3-8 确定。

（2）间隔距离的大小与包装件的总运输指数和照射时间有关。

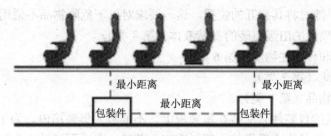

图 3-6 放射性物质包装件与人员的间隔

表 3-8 放射性物质与摄影底片的最小间隔距离

运输指数总计	连续载运时间					
	2 h	2～4 h	4～8 h	8～12 h	12～24 h	24～48 h
1	0.4	0.6	0.9	1.1	1.5	2.2
2	0.6	0.8	1.2	1.5	2.2	3.1
3	0.7	1.0	1.5	1.8	2.5	3.8
4	0.8	1.2	1.7	2.2	3.1	4.4
5	0.8	1.3	1.9	2.4	3.4	4.8
10	1.4	2.0	2.8	3.5	4.9	6.9
20	2.0	2.8	4.0	4.9	6.9	10.0
30	2.4	3.5	4.9	6.0	8.6	12.0
40	2.9	4.0	5.7	6.9	10.0	14.0
50	3.2	4.5	6.3	7.9	11.0	16.0

5. 放射性物质与活体动物的隔离

如果放射性物质包装件的总运输指数不超过 50，且连续载运时间不超过 24 h，则其与活体动物的最小间隔距离为 1 m。如果连续载运时间超过 24 h，应按表 3-9 中的间隔距离装载。

表 3-9 放射性物质与活体动物的最小间隔距离

总运输指数	最小间隔距离（超过 24 h）/m
0.1～10	1.10
10.1～20	1.30
20.1～30	1.50
30.1～40	1.80
40.1～50	2.10

6. A 型放射性物质包装件

A 型放射性物质包装件上所压的货物重量不得超过该包装件自身重量的 5 倍。

7. 危险物品装载的可接近性原则

（1）在装载时，必须使仅限货机（粘贴有 CARGO AIRCRAFT ONLY 标签）的危险物品包装件具有可接近性。在必要时，只要包装件的大小和重量允许，应将该包装件放置在机组人员可以用手随时将其搬开的位置。这一要求对以下危险物品不适用：
① 无次要危险性的Ⅲ级包装的易燃液体（第3类）。
② 毒性物质和传染性物质（第6类）。
③ 放射性物质（第7类）。
④ 杂项危险物品（第9类）。

（2）仅限货机的包装件只能装在集装板上，不准装入集装箱内。为了使包装件保持可接近性，集装板上的货物不得用整块塑料布完全苫盖。在地面运输中为防雨而使用的塑料布，在装机时必须去掉。

（3）仅限货机的包装件在装板时应符合以下要求：
① 必须装在集装板的靠外一侧，并且标签朝外，可以让机组人员看到。
② 危险物品集装器挂牌必须与包装件标签位于集装板的同一侧。
③ 集装板装入飞机后，上述侧面应靠近货舱内的走道。
④ 集装板不得装载在主货舱的T板位置。

不同国家和承运人对于危险物品的装载有其特殊的要求，在运输过程中应严格执行。不同国家和承运人对于危险物品的装载特殊要求见《危险品规则》（IATA）第2.9节。例如，根据美国国家规定USG-10，每一放射性物质包装件运输指数的限制：客机装载时，运输指数不得超过3；货机装载时，运输指数不得超过10。根据日本国家规定JPG-22，所有粘贴有"仅限货机"标签的包装件，在飞行中都必须易于接近，第7类放射性物质除外。根据日本国家规定JPG-11，第7类放射性物质（例外放射性物质除外）不得与第1、2、3、8类危险物品放置在一起。

在进行装载操作时，应参阅《货物配装禁忌表》，见特种货物机长通知单背面。

（二）停场待修飞机航材的运输

运输标志：AOG（AIRCRAFT ON GROUND）标签。
装载要求：
（1）AOG航材为紧急货物，装机站应将此类货物装在靠近飞机货舱门的位置，便于卸机站尽快卸机。
（2）小件AOG航材货物装入散货舱时，应尽可能装在靠近货舱门的位置。
（3）装载AOG航材货物的集装器应尽可能放置于靠近货舱门的位置，并在装机通知单和装载报中注明。

特别地，对于飞机发动机的装载，有以下规定：
（1）发动机必须装在专用发动机运输架上。运输架上的锁定装置必须齐全有效，并且都处在工作状态。
（2）B777型飞机发动机架上设有"空、陆运输转换装置"，装机前必须将此装置由TRUCK TRANSPORT状态转换到"空运"状态（此时无任何显示），该项工作应由托运人在装机前完成。
（3）必要时，装机站可以请托运人出示已经实施转换的书面文件。凡是没有实施运输状态转换或运输托架仍显示为TRUCK TRANSPORT状态的，应停止装机。

（三）活体动物装载

运输标志：AVI（LIVE ANIMALS）。
① 活体动物标签。
② 向上标签。
装载要求如下。

1. 一般规定

（1）装卸活体动物时应严格按照《活体动物规则》（IATA）中的规定进行操作。
（2）装卸活体动物时必须谨慎，以确保动物和人的健康与安全。
（3）装卸活体动物时应避免污染其他货物。

2. 存放

（1）根据动物习性，野生动物包括哺乳动物和爬行动物喜欢黑暗或光线暗淡的环境，一般放置在安静阴凉处；家畜或鸟类一般放置在敞亮的地方。
（2）不可在高温、寒冷、降雨等恶劣天气露天存放活体动物。
（3）装载活体动物的容器要求与其他货物有一定的隔离距离以保证通风。
（4）互为天敌的动物、来自不同地区的动物、发情期的动物不能在一起存放。动物不能与食品、放射性物质、毒性物质、传染性物质、灵柩、干冰等放在一起。
（5）实验动物应与其他动物分开存放，避免交叉感染。
（6）除非托运人特别要求，否则承运人不负责给动物喂食、喂水。
（7）经常存放动物的区域应定期清扫，清扫时应将动物移开。

3. 组装

（1）活体动物不能与毒性物质、传染性物质、II级和III级放射性物质、干冰等装入同一集装器。
（2）除专用集装箱以外，不能将动物（不含冷血动物）装在集装箱中运输。装在集装板上运输的动物不能加盖苫布，防止动物窒息。
（3）在集装箱中装载活体动物，不得超过总容积的 2/3，且帆布门帘必须卷起。
（4）使用保护性固定材料（如集装网罩）进行固定，动物包装下面须加垫塑料布等防水材料，以防止动物的排泄物（尿液和粪便）溢出，污染集装器和货舱内的设备。

4. 装机

（1）应将活体动物装在适合其运输条件的货舱内，各种机型可装载活体动物的舱位及数量见《货物装载手册》。
（2）对于进入中国的活体动物，在到达中国前的运输过程中，不得与不同种类、不同产地、不同托运人或收货人的活体动物相互接触和使用同一运输工具运输，互为天敌的动物、来自不同地区的动物、发情期的动物不能装在同一货舱内运输。
（3）活体动物不能与食品、放射性物质、毒性物质、传染性物质、灵柩、干冰等放在同一散舱内运输，参阅《货物配装禁忌表》。
（4）活体动物应在散舱内牢固固定。

（5）有不良气味的小动物、仅限于少量供实验用的猴子、兔子、豚鼠以及会发出叫声的初生家禽、小狗等只能装在飞机的下货舱。

（6）B737 货舱只能使用其容积的 2/3 装载动物，且装载动物的重量有限制（详见《货物装载手册》）。

（7）装卸时间应尽可能接近飞机起飞或到达时间。

（8）如果飞机延误，不可将动物放在货舱内或机坪上。

（9）货舱内经常存放动物的区域应定期清扫。

5. 鸡雏类货物装载

（1）应严格按照各种机型的动物装载限量装运雏鸡，装机时应注意在包装箱之间留有不少于 20 cm 的间隙，保持空气流通。

（2）鸡苗、鸭苗、小鸟等属于耗氧量较大的动物。为保证运输期间空气流通以提供足够的氧气，使用宽体飞机运输时，可以将其装在集装板上，组装时注意：

① 当装载的集装板为 PLA 或 FQA 时，包装件之间应留有适当的空隙，保证通风。货物的装载高度不能超过 140 cm。

② 需要使用整块 PAP 或 PMC 型集装板装运时，必须在集装板中间加放一个隔架，将集装板一分为二，以保证空气流通。隔架使用木板条制作，尺寸一般为 216 cm（PAP）或 236 cm（PMC）×50 cm×160 cm（长×宽×高，隔架的高度应与货物的装载高度一致，最高限度为 160 cm）。此隔架应由托运人提供。使用隔架后，66 cm×51 cm×14 cm（长×宽×高）的标准包装在隔架每一侧可以装成 2 行 4 排。接受订舱时，应根据订舱货物的数量，向托运人提出要求。隔架样式如图 3-7 所示。

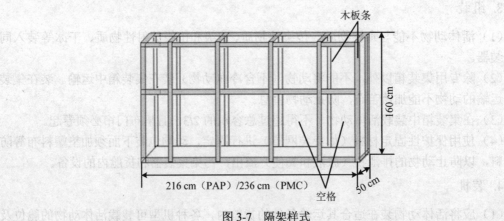

图 3-7　隔架样式

（3）只允许在货物底部铺设防污染的塑料布，不允许在货物包装上面苫盖塑料布或其他防雨材料。雨雪天气需要使用防雨材料时，防雨材料与货物之间必须留足通风间隙，货物装机时应将防雨材料撤下。

（4）当一块集装板上需要同时装载普通货物和鸡苗类货物时，应将普通货物装在下面，按规定的程序使用塑料布苫盖，将鸡苗类货物装在上面。当鸡苗类货物必须单独码放在集装板的一端时，普通货物部分按规定使用塑料布进行苫盖，鸡苗类货物按要求单独组装。

（5）挂网套时，网套与鸡苗类货物包装的接触部分应使用衬垫材料间隔，防止因包装被勒坏或变形影响通风。

（四）鲜活易腐货物装载

鲜活易腐货物主要包括食品，如水果、蔬菜；鲜肉、家禽及其肉制品；鲜鱼和海产品；其他，如种蛋、人体活器官、新鲜的人体血液、罐头食品、饮料、蜂蜜、巧克力等。

运输标志：鲜活易腐货物标签 PER（PERISHABLE CARGO）。

装载要求如下。

（1）装载时应避免污染其他货物。

（2）水果、蔬菜、鲜花装载要求：

① 装载在集装板上的水果、蔬菜和鲜花应保持通风。

② 避免将水果、蔬菜和鲜花放在阳光曝晒或寒冷的地方。

③ 多层码放时不宜过高，避免底层货物受损。

④ 水果、蔬菜和鲜花应远离热源。

⑤ 水分较大的水果和蔬菜之间应留有足够的间隔。

⑥ 鲜花与水果不能装在同一集装器或同一散货舱内。

（3）冷冻畜、禽肉及其肉制品装载要求：

① 使用集装器装载冷冻的畜、禽肉及其肉制品时，应先加垫塑料布并将其完全包裹起来，再用胶带将塑料布封好。如有必要，可以在货物顶部加制冷剂，肉制品的冷冻或冷藏多使用干冰。

② 如果使用集装板装载肉制品，应将集装网套放在货物的外面。

③ 散舱装载时，应先在货舱内垫上塑料布，塑料布应铺满货舱底部，并用胶带将塑料布四周粘贴在货舱壁上。在使用干冰的情况下，应将干冰放置在货物顶部。

（4）种蛋装载要求：

① 装载时应参阅《货物配装禁忌表》。

② 避免高温、低温和太阳曝晒。

③ 种蛋应远离毒性物质、传染性物质、活体动物和尸体。

④ 种蛋应远离干冰、放射性物质。

⑤ 车辆颠簸可能造成种蛋破损，在仓库与停机坪之间的地面运输时应注意保护好种蛋。

（5）人体活器官和新鲜的人体血液装载要求：

① 装载时远离毒性物质、传染性物质、放射性物质。

② 以最早的航班运输。

（五）外交信袋装载

外交信袋是指各国政府（包括联合国下属组织）与其驻外使、领馆、办事处之间作为货物托运的，使用专用包装袋盛装的公务文件。

装载要求：

（1）外交信袋应有完好的包装和明显的封志。装卸外交信袋时，应仔细检查外包装和封志是否完好，发现异常情况应立即报告。

（2）外交信袋应放在货舱内的明显位置，并且不能与航空邮件装在一起。

（3）外交信袋应尽量远离放射性物质及磁性物质。

（六）灵柩装载

运输标志：HUM（HUMAN REMAINS），向上标签。

装载要求如下。

（1）灵柩必须远离动物和食品。
（2）灵柩尽量装载在集装板上。
（3）参阅《货物配装禁忌表》。
（4）灵柩必须在旅客登机前装机，在旅客下机后卸机。
（5）散装时，灵柩不能与动物装在同一货舱内。
（6）灵柩只可以水平放置，不可以直立或侧放。
（7）必要时，运送过灵柩的飞机或设备应请机务和医务人员消毒。
（8）装机前或卸机后，灵柩应停放在僻静地点，如果条件允许，应加盖苫布，与其他货物分开存放。
（9）灵柩与其他货物组装在一个集装器上时，应注意：
① 灵柩的上面不能码放木箱、铁箱以及单件重量较大的货物。
② 灵柩不能与动物、鲜活易腐物品、食品装在同一集装器内。
③ 需要在灵柩上面装货时，灵柩的表面与货物之间应使用塑料布或其他软材料间隔，以防损坏灵柩。
（10）散装时，应将灵柩固定。
（11）分别装有灵柩和动物的集装器，装机时中间至少应有一个集装器间隔。

（七）盐腌制品装载

盐腌制品包括动物大肠、干的腌制产品或浸在盐水中的物品。

装载要求：

（1）桶或罐式包装外包裹塑料布，顶部扎好以防止盐水的渗漏。
（2）将货物保持直立的装载方向。

（八）贵重物品装载

1. 贵重物品的种类

（1）黄金、白金及其制品。
（2）各类宝石、钻石（含工业钻石）、玉器、珍珠及其制品。
（3）现钞、纪念币、有价证券（包括股票、债券、印有面值的各种票据，已填写的运输凭证和已经银行填写的存折、支票、汇票等）。

(4) 白银及银制首饰。

(5) 名人字画、珍贵文物以及其他声明价值符合贵重物品限制的货物。

2. 贵重物品的包装限制

(1) 凡属贵重物品的货物，其包装的外形尺寸最小不能小于 30 cm×20 cm×10 cm，包装的任何一面尺寸小于此数据的，应要求托运人加大包装。

(2) 第 1 条中的（1）、（2）、（3）、（4）类贵重物品，其外包装必须是质地坚硬、完好的木箱、铁箱、硬质塑料箱。包装外必须按规定使用铁质包装带捆扎并使用铅封。

(3) 名人字画、珍贵文物必须使用木箱或铁箱作为货物的外包装。是否使用铅封由托运人根据货物性质或价值决定。包装尺寸不应超过航线机型的货舱门尺寸或集装器最大装载尺寸。

(4) 其他声明价值符合贵重物品限制的货物，可以根据托运人的要求确定包装材料。包装尺寸不应超过航线机型的货舱门尺寸或集装器最大装载尺寸。

对于国际运输每票货物价值超过 10 万美元，国内运输每票货物价值超过 100 万元人民币的贵重物品，应要求托运人委派押运员随货物同行，没有押运员的，应要求托运人通知收货人提前与目的站机场联系提取货物事宜，并应留有书面证明。

3. 贵重物品运输专用包装袋

为了保证贵重物品运输安全，方便各环节快速识别、监控及装卸作业，中国国际货运航空有限公司（简称"国货航"）要求在运输体积较小的贵重物品时使用贵重物品运输专用包装袋（以下简称"运输袋"），该运输袋为橘黄色网格带，尺寸分为 55 cm×90 cm 和 95 cm×90 cm 两种规格。凡是包装尺寸不超过 40 cm×30 cm×20 cm 的贵重物品均应装入包装袋中运输，特别是与普通货物混装在同一个集装器或同一散货舱内时，必须使用此运输袋。装袋前必须认真检查货物的包装、封志、标签是否符合要求。

对于单件货物包装尺寸大于 40 cm×30 cm×20 cm 的贵重物品，或尺寸小于 40 cm×30 cm×20 cm，但货物批量较大的贵重物品，可以单独占用一个集装器或散货舱时，可以不必使用运输袋，但货物外包装上必须按规定拴挂贵重物品运输标签。

包装袋使用一次性封口装置进行封口。操作时，至少应有两名负责装袋的人员共同封口，封口后两人共同在相关记录上签字备查。各环节在交接时，应注意检查包装袋的袋体及封口是否完好无损。

货物到达目的站后，如贵重物品是装在运输袋中的，则此运输袋必须由国航代表与地面服务代理人共同开启。如发现运输袋的封口、袋体或者袋内货物有异常，应按货物运输业务手册中规定的程序和办法进行处理。

4. 贵重物品的装载限制

(1) 根据民航总局 CCAR－121FS 及［1992］256 号文件、国航［2002］369 号文件规定，贵重物品不允许装在客舱或驾驶舱，只能装在货舱中运输。

(2) 第 1 条中的（1）、（2）、（3）、（4）类贵重物品在宽体飞机上运输时，只能使用带金属门的集装箱运输。装箱时必须有三人同时在场作业。集装箱组装完毕后必须按规定关好箱门，使用铅封封口，组装人员在《贵重物品装／卸机通知单》的相关栏目内签字。

（3）第（2）款规定范围以外的贵重物品可以使用集装板运输，与其他货物混装时，应将贵重物品装在便于操作人员监控的明显位置上。组装完毕后，组装人员在《贵重物品装／卸机通知单》的相关栏目内签字。

（4）贵重物品装在非宽体飞机的货舱中运输时，应装在货舱内明显的位置上。与其他货物混装时，不得被其他货物所覆盖。装机完毕后，组装人员在《贵重物品装／卸机通知单》的相关栏目内签字。

（5）贵重物品装机后，装机站必须派监装人员在飞机下面监护，至飞机开始滑行（轮挡时间），按规定填写《贵重物品装／卸机通知单》的相关栏目后方可离开。

5.《贵重物品装/卸机通知单》(见国内业务手册第六章)和《贵重物品机长通知单》(见国内业务手册第六章)的使用

为保证贵重物品的安全运输，贵重物品装机后必须填写《贵重物品装/卸机通知单》，通知卸机站和经停站，其使用说明如下。

（1）装机站在装机前应严格按照《贵重物品装/卸机通知单》的各栏内容，对货物进行逐项检查，并将检查结果如实记录在相关栏目中，经手人按规定签字。航班离港后，装机站应将填写完备的《贵重物品装/卸机通知单》作为装机信息传真给经停站和卸机站。

（2）经停站接到装机站关于贵重物品运输的传真后，应提前安排对货物的安全监护措施。如果航班在经停站更换机组，经停站国航商务人员应根据此单提供的信息重新填写《贵重物品机长通知单》，航班起飞前请接任机长签字。经手人应在经停站信息栏内如实填写、记录各类信息。航班离港后，此传真件与《贵重物品机长通知单》一并留存备查。

（3）目的站接到装机站的传真后，应提前安排对货物的安全监护措施，将有关信息反馈回装机站。卸机完毕后，卸机站应在相关栏目内如实填写、记录各类信息，货物处理完毕后，此传真件留存备查。

装有贵重物品的航班离港前，装机站工作人员持填写完整的《贵重物品机长通知单》，到飞机上请机长签字。航班离港后，《贵重物品装／卸机通知单》与《贵重物品机长通知单》一并留存备查。

6. 信息联络

（1）贵重物品应尽量安排在国航直达航班或全程都由国航航班承担的航线上运输。当航班有经停站时，始发站应提前通过电报或传真通知经停站注意监护，得到经停站的确认后，装机站方可启运。

（2）需要联程运输的贵重物品，始发站必须订妥全程舱位并得到中转站关于续程航班的信息确认后方可启运。

（3）始发站收运贵重物品后，目的站有国航营业部或国航代表的，应将有关信息通知国航营业部或国航代表。通知内容应包括：货运单号码、件数、重量、收货人、预定运输的航班及日期。有特殊运输要求的，应说明特殊要求。国航营业部或国航代表接到电报或传真后，应尽快回复始发站。目的站没有国航营业部或国航代表的，始发站应将上述信息直接通知当地的国航地面服务代理人，得到该代理人可以运输的明确回复后方可装机启运。

（4）航班离港后，装机站应在规定的时间内向卸机站发出特种货物装载电报（FSH），同时将填写完整的《贵重物品装/卸机通知单》传真给经停站及卸机站，以便各站实施监控。航班经停站有国航营业部或国航代表的，电报及传真只发给国航营业部或国航代表。卸机站有国航营业部或国航代表的，电报应同时发给国航营业部、国航代表及国航地面服务代理人，传真只发给国航营业部或国航代表。

（5）各航站应充分发挥 SITA 系统的作用。始发站在打印货邮舱单时，要检查系统中的 MANIFEST 中是否注明 VAL 代号。没有注明的，应予以注明。卸机站在每一航班到达前应注意检查系统中的 ARRIVAL MANIFEST 中贵重物品／VAL 的三字代码，以便采取相应安全措施。

7. 对经停站的要求

（1）航班过站时，只要飞机货舱门被开启，经停站国航代表即应对货物进行检查。如贵重物品装在集装器内，只检查集装箱的铅封是否完好、集装板上的贵重物品是否完好无损等项目；如发现贵重物品包装或封志破损，应立即通知始发站及卸机站，并做好记录，以备检查。

（2）如因飞机载重平衡或其他原因导致贵重物品装机位置发生调整，经停站应及时通知机组并发电报或传真通知下一经停站和卸机站。

贵重物品应存放在安全的区域内，并随时记录出、入库情况。货物交接时，必须有书面凭证并由双方签字。

如果货物既属于贵重物品又属于危险物品，则必须首先按照危险物品的操作要求处理。

（九）湿货装载

湿货是指冷冻货物、含有液体的货物或因其自身性质而容易渗出液体的货物，包括未硝制的皮革、活体动物、新鲜肉、冷冻肉、由湿冰进行保鲜的货物。

装载要求：

（1）必须确实保护好飞机货舱地板、集装器、其他货物。

（2）要防止潮湿和任何形式的泄漏。

（3）在飞机货舱地板或集装器底板上铺设塑料布、帆布或吸水材料，以免其受到液体渗漏溅出的损害。

（4）装有湿货的包装箱应向上放置。

五、装载通知单

每架飞机均应填制装载通知单。装载通知单应由载重平衡部门填制或认可。装载通知单是装载部门进行飞机装载作业的依据，如有更改，必须得到载重平衡部门的认可。装载通知单一式四份，留存期为 6 个月。必要时应在业务袋里装一份。常用装载通知单的样式及内容说明如表 3-10 所示。

表 3-10 常用装载通知单的样式及内容说明

序 号	条 目	说 明	填写格式/例	填写要求/备注
1	FLIGHT DATE	航班及日期	CZ3503/12MAR	
2	A/C REG	飞机注册号	B2052	
3	STATION	始发站	CAN	
4	CPT 5 MAX 4082KG			舱位最大装载限制
5		加粗线或箭头		舱门位置
6	13P	集装板填写位置	SHE/P1P70355CZ/2010/C.AVI	如不装载填写 NIL
7	31L/31R	集装箱填写位置	SHE/AKE70333CZ/675/BY	
8	5/BULK	散装舱填写位置	SHA/400/C.AVI	
9	SPECIAL INSTRUCTIONS	特别注意事项	B2923	
10	PREPARED BY	填表人姓名	Y1483/5	
11	LOADING SUPERVISIOR	装机人（监装人）签名		
12	CODE FOR CPM	代码说明		

（一）装载通知单的填写

（1）装载通知单上应填写航班号、日期、飞机注册号及装载作业航站（即出发航站，部分机型要求填写到达站）。

（2）装载通知单上应有填表人、载重平衡员（如填表人不是载重平衡员）及装机负责人的签字认可。

（3）装载信息的填写应包含到达站（直达航班可不填写）、装载重量、类别等。另外，宽体飞机还应填写集装设备编号。

（二）填写范例

1. 宽体飞机装载通知单填写范例

宽体飞机装载通知单填写范例如图 3-8～图 3-9 所示（以 A300-600R、A340-313 型飞机为例）。

2. 窄体飞机装载通知单填写范例

窄体飞机装载通知单填写范例如图 3-10 所示（以 A-321 型飞机为例）。

说明：

（1）最大载重量限制。如 B777-200 型飞机装载通知单中，CPT 4 MAX 12700 KG，即 4 舱的最大载重量不得超过 12 700 kg。CPT 1 & 2（COMBINED 30 617 KG）为 1 舱和 2 舱有联合载重量的限制，即 1 舱和 2 舱同时装载货物时，两舱的载重量之和不得超过 30 617 kg。

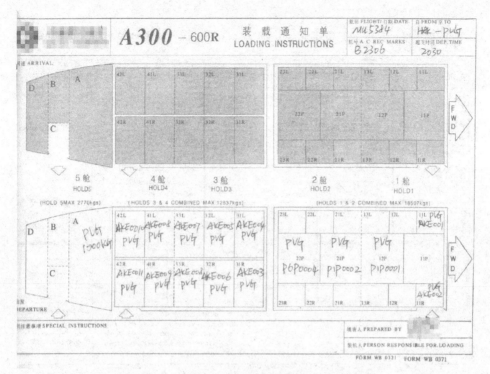

图 3-8　A300-600R 型飞机装载通知单填写范例

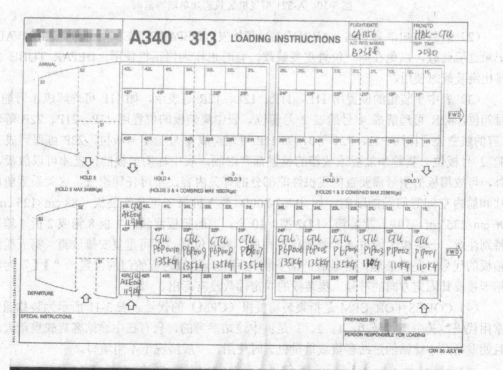

图 3-9　A340-313 型飞机装载通知单填写范例

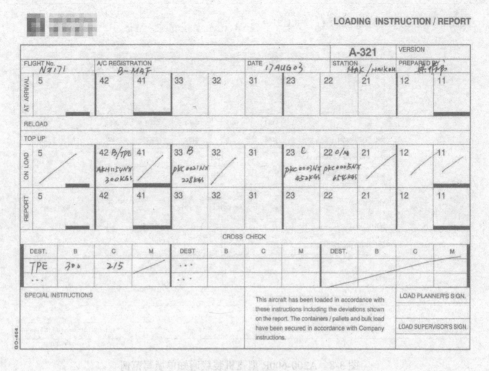

图 3-10　A-321 型飞机装载通知单填写范例

（2）装载通知单有到达（ARRIVAL）和始发（DEPARTURE）两部分。ARRIVAL 供记录过境业载，以免在同一位置重复装载，有时也作为修正栏使用。DEPAR TUBE 供安排出港装载时使用。

（3）表中集装箱的位置用 11L、11R、12L、12R 等表示，如 11L 可理解成 1 号舱左 1 号箱位，42R 可理解成 4 号舱右 2 号箱位。表中集装板的位置用 11P、21P、22P 等表示（有的航空公司标注 P11、P21 等），如 11P 可理解成 1 号舱 1 号板位，22P 可理解成 2 号舱 2 号板位。货舱中放板或放箱的位置都有限制，表中标明放板的位置才可以放板，另外，可放箱板的型号需要查阅飞机性能部分的有关内容，不可任凭想象，这关系到舱门尺寸和舱内空间等问题的限制。如 B767-200B 型飞机最多可装集装板（88 cm×125 cm 或 96 cm×125 cm）3 块、集装箱（LD2 型）10 个，前舱箱板混装成 1 板 8 箱或 2 板 4 箱等。特别注意，一块板大约占 4 个箱的位置，放了板的位置，不可重复安排放箱。第五舱没有箱板的代号，是散装舱，可装载鲜活货物。另外，粗线为货舱门的位置，"}{" 为集装箱卡锁及其固定方向的符号，集装板的固定件数没有标出。

（4）CODES FOR CPM 是指集装箱板报（CPM）的代号。表 3-11 所示为装载通知单常用代码。其中，代号 0、1、2、3 是供中途站参考的，只有在中途站客货载重量大，并且始发站经中途站的过站客货载重量也大时使用，一般情况下不用填写。

表 3-11　装载通知单常用代码

缩　写	英　文	中　文
B	BAGGAGE	行李

续表

缩 写	英 文	中 文
BT	BAGGAGE TRANSFER	转港行李
C	CARGO	货物
D	CREW BAGGAGE	机组行李
E	EQUIPMENT	器材设备
F	FIRST CLASS BAGGAGE	头等舱行李
L	CONTAINER IN LEFT HAND POSITION	左手位置集装箱
M	MALL	邮件
N	NO CONTAINER OR PALLET IN POSITION	此位置无集装箱或集装板
P	PALLET	集装板
PP	IGLOO	集装箱
R	CONTAINER IN RIGHT HAND POSITION	右手位置集装箱
S	SERVICE, SORT ON ARRIVAL	服务，到达后的分类
T	TRANSFER LOAD	转港装载
U	UNSERVICEABLE CONTAINER/PALLET	不能使用的集装箱/板
V	VIP BAGGAGE	要客行李
W	CANGO IN SECURITY CONTROLLED CONTAINER	货物在安全检查后的集装箱内
X	EMPTY CONTAINER OR EMPTY PALLET	空集装箱或集装板
Z	MIXED DESTINATION LOAD	混装
0	FULLY LOADED	混载
1	1/4 AVAILABLE	1/4 空间可利用
2	1/2 AVAILABLE	1/2 空间可利用
3	3/4 AVAILABLE	3/4 空间可利用

（5）常用箱板布局。货舱的集装设备根据箱板的位置要求，可以有多种布局。例如，11P 的板位可以放 4 个集装箱，集装板可以放在 11P 的位置上，也可以放在 21P 或 22P 的位置上。

第四章

飞机的重心与平衡

本章学习目标
1. 飞机的机体轴、重心位置及其表示。
2. 飞机的平衡重要性。
3. 飞机的稳定性。
4. 飞机的操纵性。
5. 飞机重心位置的计算方法。
6. 装载移动或增减后的重心位置变化计算。

第一节 飞机的重心和机体轴

一、飞机的重心

飞机的各个部位都受重力的作用,其所有部位重力的合力即飞机整体所受的重力,重力的着力点即飞机的重心。飞机的重心实质上是一个假设的点,假定飞机的全部重量都集中在这个点上,只要支撑住这个点,飞机就可以保持平衡状态。飞机做任何转动都是围绕飞机的重心进行的。飞机重心的位置取决于载重量在飞机上的分布,除了在重心位置以外,飞机上其他任何部位的载重量发生变化,都会使飞机的重心位置发生移动,并且重心总是向载重量增大的方向移动。

1. 限制飞机重心位置的原因

限制飞机重心位置的原因有飞机的安定性和飞机的可操纵性。

2. 重心位置的表示方法

(1) 翼弦 在飞机机翼上任何部位的横截面中,机翼前部称为机翼前缘,机翼后部称为机翼后缘。前缘和后缘之间的直线段称为机翼的翼弦。由于现代飞机机翼的几何形状不是简单的矩形而常为锥形后掠状,因此飞机机翼上从翼根至翼尖之间每一处的翼弦长度都是不相同的。

(2) 标准平均翼弦。在所有翼弦中,长度等于机翼面积与翼展之比的翼弦称为标准平均翼弦,用 SMC 表示。

(3) 平均空气动力弦。假想一个矩形机翼,其面积、空气动力特性和俯仰力矩等都与原机翼相同。该矩形机翼的翼弦与原机翼某处的翼弦长度相等,则原机翼的这条翼弦即平均空气动力弦,用 MAC 表示。

每种机型的平均空气动力弦和标准平均翼弦的长度及所在位置都是固定的,都已在飞机的技术说明书中写明。因此,可以把飞机的重心投影到平均空气动力弦上(或标准平均翼弦上,使用较少),然后以重心投影点与平均空气动力弦前缘之间的距离占平均空气动力弦长度的百分比表示重心的位置,即

$$\text{重心位置}(\%MAC)=\frac{\text{重心投影点与平均空气动力弦前缘之间的距离}}{\text{平均空气动力弦长度}}\times 100\% \qquad (4-1)$$

二、飞机的机体轴

通过飞机重心的三条相互垂直的、以机体为基准的坐标轴,即飞机的机体轴,如图 4-1 所示。

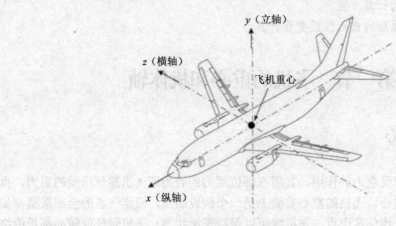

图 4-1　飞机的机体轴

(1) 纵轴：沿机身轴线通过飞机重心。
(2) 横轴：沿机翼方向通过飞机重心并垂直于纵轴。
(3) 立轴：通过飞机重心并垂直于纵轴和横轴组成的平面。

第二节　飞机的平衡

平衡是指一架飞机所受合力为零的状态,它对飞机的稳定性、可控性及飞行安全是极其重要的。

飞机的平衡直接受各部分作用力的影响,如空气对飞机的作用力、飞机上的业载对飞机的作用力等。作用于飞机各部位的力,如果不通过飞机的重心,就会对飞机的重心构成力矩,促使飞机发生转动。引起飞机上仰或下俯的力矩称为俯仰力矩；引起飞机向左侧或右侧倾斜的力矩称为滚转力矩；引起飞机向左方或右方转向的力矩称为偏转力矩。由于力矩有三种,因此飞机的平衡也有三种,即俯仰平衡、横侧平衡和方向平衡,如图 4-2 所示。

一、俯仰平衡

俯仰平衡是指作用于飞机上的上仰力矩和下俯力矩彼此相等,使飞机既不上仰,也不下俯,如图 4-3 所示。

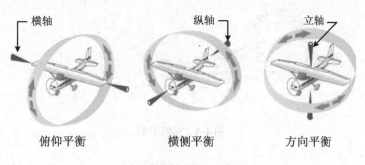

图 4-2 飞机的三种平衡

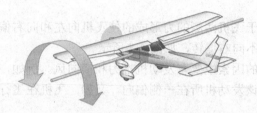

图 4-3 俯仰平衡

影响飞机俯仰平衡的因素主要有旅客的座位安排方式和货物的装载位置及滚动情况、机上人员的走动、燃料的消耗、不稳定气流、起落架或副翼的伸展和收缩等。因此,配载人员在安排旅客的座位时,在按照舱位等级与旅客所持客票的票价等级相对应安排的基础上,在对重心影响较小的舱位尽量多安排旅客,并且在飞机起降时提示旅客不在客舱内走动,避免影响飞机的俯仰平衡,确保旅客的安全;安排货物时,在对飞机重心影响程度小的货舱尽量多装载,且对于散装货物,应固定牢靠,防止货物发生滚动,进而影响俯仰平衡或导致货物损坏。

当飞机由于外界干扰而失去俯仰平衡时,飞机可以靠自身的安定性能自动恢复平衡,也可通过操纵驾驶杆改变升降舵角度而使飞机恢复俯仰平衡。

二、横侧平衡

横侧平衡是指作用于飞机机身两侧的滚动力矩彼此相等,使飞机既不向左滚转,也不向右滚转,如图 4-4 所示。

影响飞机横侧平衡的因素主要有燃油的加装和利用方式、货物装载情况和滚动情况以及空气流的作用等。因此,加油和耗油时都要保持左右机翼等量。尤其对于宽体飞机,装载货物时要保证机身两侧的载重量相差不大,同时将货物固定,避免货物在飞机失去横侧平衡时向一侧滚动而加重不平衡程度。

当飞机由于某种原因失去横侧平衡时,可以通过改变某侧机翼的副翼角度使飞机恢复横侧平衡。例如当飞机向左侧滚转时,应增大左侧副翼放下角度,使左侧升力增大,使向右滚转的力矩增大,从而使飞机重新回到横侧平衡状态。

图 4-4　横侧平衡

三、方向平衡

方向平衡是指作用于飞机两侧的力形成的使飞机向左和向右偏转的力矩彼此相等，使飞机既不向左偏转，也不向右偏转，如图 4-5 所示。

影响飞机方向平衡的因素主要有发动机推力和横向风。例如，飞机在飞行时一台发动机熄火，则飞机必然向该发动机所在一侧偏向。又如，飞机在飞行时遇到一股横向风，则飞机出现偏向。

当飞机由于某种情况失去方向平衡时，可以通过改变方向舵角度，使飞机向相反方向偏转，从而使飞机恢复方向平衡。例如飞机向右侧偏向时，应使方向舵向左偏转一定角度，产生向左偏转的力矩，使飞机回到原来的方向。

由于飞机有俯仰平衡、横侧平衡和方向平衡，因此当飞机同时处于这三种平衡状态时，表明飞机处于平衡状态。

图 4-5　方向平衡

第三节　飞机的稳定性

飞机的稳定性是指飞机受扰偏离原平衡状态后自动恢复到原平衡状态的能力。

按飞机主运动方式进行划分，飞机的稳定性可以分为纵向稳定性、方向稳定性和横向稳定性。

一、飞机的纵向稳定性

纵向稳定性又称俯仰稳定性,是指飞机在飞行中,由于外界的干扰改变了原来的飞行迎角;当干扰消除后,飞机自动恢复到原来迎角的能力。一般来说,飞机的纵向稳定性主要由水平尾翼起作用,除此之外,机翼本身的性能、重心位置的前后和高低对飞机的纵向稳定性都有影响。

纵向稳定性是指飞机受扰动后绕横轴保持稳定的趋势。飞机在受到扰动产生俯仰运动时,会自动产生抑制俯仰运动的力,该力会使飞机恢复到原来的飞行姿态。纵向稳定性的作用是保持迎角不变,如图 4-6 所示。

为了使飞机具有纵向稳定性,飞机的重心必须位于焦点之前。飞机的焦点是飞机迎角改变时,飞机附加升力的着力点。在亚音速情况下,飞机焦点位置不随迎角的变化而变化。对目前常用的翼型来说,亚音速时焦点位于离翼型前缘 22%~25%弦长处,而在超音速时焦点的位置离翼型前缘则增加到 40%~50%弦长处。焦点在重心之后,是飞机平尾的贡献,因此,飞机的纵向稳定性主要由平尾保证。

飞机的重心位置对飞机纵向稳定性的影响也很大。重心越靠前,纵向稳定性越强。但重心靠前,飞机的配平阻力增大,同时要求机翼产生更大的升力。

常规布局的飞机,其重心位于机翼压力中心之前,这样,机翼升力俯仰力矩为低头力矩,平尾升力俯仰力矩为抬头力矩。

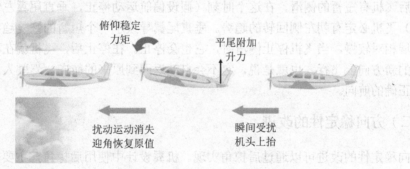

图 4-6 飞机的纵向稳定性

二、飞机的方向稳定性

飞机的方向稳定性又称偏航稳定性。方向稳定性在飞机设计中是较易实现的稳定性。垂直尾翼的面积和重心之后的侧面起主要作用,它们使飞机像风向标或箭一样,令机头指向相对风的方向。

在飞行中,飞机由于受微小扰动而使航向平衡状态遭到破坏,但在扰动消失的瞬间,飞机可以不经驾驶员操纵就有自动恢复到原来航向平衡状态的趋势,则称飞机具有航向静稳定性。

飞机的方向稳定力矩是在侧滑中产生的。所谓侧滑,是指飞机的对称面与相对气流方向不一致的飞行。它是一种既向前又向侧方的运动。

飞机带有侧滑时，空气则从飞机侧方吹来。这时，相对气流方向与飞机对称面之间的夹角称为"侧滑角"，又称"偏航角"。

对飞机方向稳定性影响最大的是垂直尾翼。另外，飞机机身的侧面迎风面积也起相当大的作用。其他如机翼的后掠角、发动机短舱等也有一定的影响。

在考察风向标时可以看到，如果支点的前后迎风面积大小是相同的，那么结果是前后的力平衡，指向运动很小或者基本没有。所以，就必须让支点后面的面积比前面的面积大得多。在飞机的设计中也是类似的情况，设计者必须确保正的方向稳定性，其方法是使重心之后的侧面积比重心之前的侧面积大得多。

（一）垂直尾翼的作用

垂直尾翼的作用类似于箭上维持直飞的羽毛。与风向标和箭类似，垂直尾翼的位置越靠后，面积越大，飞机的方向稳定性就越强。

如果飞机以直线飞行，侧向阵风会让飞机绕垂直轴发生小幅转动（不妨确定为右侧），那么该运动会被垂直尾翼阻止，因为当飞机往右旋转时，空气会以一个角度冲击垂直尾翼的左侧，这样在垂直尾翼的左侧就产生一个压力，它会阻止飞机向右转动，使航向回正。这种情形下，飞机向相对风方向的旋转就类似于风向标的旋转。飞机航迹方向的最初变化通常在飞机机头朝向发生变化之后。因此，当飞机向右稍微偏航后，在短暂的时间内飞机继续沿原来的航迹方向移动，但是其纵轴稍微指向右侧。

然后飞机有短暂的侧滑，在这个时刻（假设偏航运动停止，垂直尾翼左侧的额外压力仍存在）飞机必定有朝左侧回转的趋势。垂直尾翼导致了一个短暂的恢复趋势。这个恢复趋势发展相对较慢，当飞机停止侧滑时，它也会停止。在停止后，飞机就在稍微不同于原来方向的新方向上飞行。也就是说，它不会自动返回到原来的航向。驾驶人员必须将飞机调整回正确的航向。

（二）方向稳定性的改进

方向稳定性的改进可以通过后掠角实现。机翼设计中使用后掠角，主要是为延迟高速飞行中压缩性的开始。在较轻和慢速的飞机上，后掠角对压力中心和重心建立正确的关系有帮助。压力中心在重心之后的飞机具有纵向稳定性，如图4-7所示。

因结构所限，飞机设计者有时无法把机翼安装在恰当的位置。如果机翼安装靠前，且和机身成某种角度，压力中心可能不够靠后，无法达到要求的纵向稳定度。但是，通过增加机翼后掠角，设计者可以向后移动压力中心。后掠角的大小和机翼的位置使压力中心有可能处于正确位置。

机翼对静态方向稳定性的贡献通常很小。后掠翼提供的稳定性作用依赖于后掠角的大小，但这点与其他相比微乎其微。

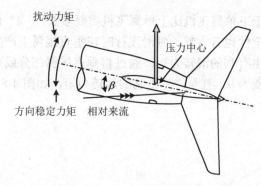

图 4-7 机翼后掠角

三、飞机的横向稳定性

横向稳定性是飞机抵抗滚转角扰动的固有能力。

在水平飞行中，两侧机翼均处于水平面内，滚转角为 0°。如果飞机在受到一些扰动后，发生滚转但非常缓慢，则滚转速度可以忽略，从而不会产生恢复滚转力矩，除非有侧滑产生。因此，当没有侧滑时，在受到滚转扰动后，飞机是中立稳定的。一旦发生滚转，飞机就会由于重力的展向分量而在滚转的方向产生侧滑。如果这一侧滑产生恢复滚转力矩，则该飞机是横向稳定的。一旦机翼回到水平状态，滚转角扰动与侧滑是可以消除的，飞机将回到初始的定直平飞状态。另一方面，如果由滚转角引起的侧滑所产生的滚转力矩导致滚转角进一步增大，则该飞机是横向不稳定的。如果侧滑产生的滚转力矩为 0，飞机将保持恒定的滚转角并持续侧滑，则该飞机横向中立稳定。

由侧滑导致滚转力矩的产生，被称为上反效应；如果飞机由于侧滑而产生恢复滚转力矩，则称该飞机具有正的或稳定的上反效应。因此，横向稳定的飞机具有正的上反效应，反之亦然。需要注意的是，上反效应与上反角是有区别的。上反角是机翼平面与水平面的夹角，如果翼梢位于翼根之上，则上反角为正；如果翼梢位于翼根之下，则上反角为负（下反）。上反效应取决于很多因素，其中包括机翼上反角。

一般来说，飞机仅需较小的正横向稳定性。因为侧滑引起过多的滚转会使侧风起飞和着陆变得复杂，此过程需要侧滑。过强的横向稳定性会增加滚转——偏航的耦合现象，这在飞机执行某些规定航向的任务时是不希望发生的，如仪表进场和对地扫射飞行。

机翼对横向稳定性有较大的贡献。带上反角的机翼，当飞机侧滑时，遭遇侧滑的升力增大，另一侧机翼迎角减小，升力减小，从而使飞机产生趋于稳定的滚转力矩。因此，飞机的横向稳定性又称上反效应。

后掠机翼也会在侧滑时产生有利的滚转力矩。这也是由于侧滑时两侧机翼的有效迎角不同引起的，遭遇侧滑一侧机翼的有效后掠角减小，另一侧机翼的有效后掠角增加。这一效应随着迎角的增加变得更加明显，高性能、大后掠角的飞机会表现出严重的滚转——偏航耦合问题。

机身或者机身机翼组合体对横向稳定性也有较大的贡献。实质上也是由于机身的组合导致迎角的变化。上单翼飞机产生正的横向稳定性，下单翼飞机产生负的横向稳定性。这一影响非常显著，以至于下单翼飞机比上单翼飞机需要多3°～4°的上反角。

垂直尾翼对横向稳定性也有贡献。侧滑飞行时在垂直尾翼上产生的侧力与纵轴有一段距离，因而常规飞机产生有利的滚转力矩。通过将垂直尾翼部分或全部布置在纵轴下面，可以使有利的滚转力矩变为0，甚至产生不利的滚转力矩，如图4-8所示。

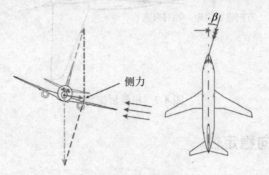

图4-8　垂直尾翼

螺旋桨产生的滑流对横向稳定性也有贡献。侧滑飞行时，滑流大都流过背离来流的一侧机翼，因而产生不利于稳定的滚转力矩。当把襟翼放下时，这一滚转力矩更大，因此螺旋桨式发动机的构型通常由横向稳定性来决定。

第四节　飞机的操纵性

飞机的操纵性是指飞机在驾驶员的操纵下，从一种飞行状态过渡到另一种飞行状态的能力。

一、操纵的基本要求

飞行员主要通过驾驶盘（驾驶杆）和脚蹬操纵升降舵、方向舵、副翼，使飞机从一种飞行状态转变为另一种飞行状态，以完成起飞、爬升、巡航、下降、进近着陆等。操纵性是飞机的重要飞行品质之一，也是飞行力学研究的重要内容。操纵的输入，是飞行员施加于驾驶杆或脚蹬的力及驾驶杆和脚蹬的位移，输出则是飞机运动参数的变化，如迎角、侧滑角、倾斜角、各种角速度、飞行速度、高度及过载等的变化。评定操纵性的优劣主要有以下三个方面：

（1）适当的操纵力，不能过大或过小，飞行员通过所施加驾驶力的大小来精确控制飞机，对飞机在各种情况下驾驶力的方向、大小以及随飞行状态（如速度、过载）的变化规律都有一定的要求。

（2）驾驶位移（通过操纵使驾驶杆或脚蹬发生的位移）应保持在一定范围。

（3）操纵输入与输出的比值要适当，比值过小使飞机过分灵敏不易控制，也易因反应量过大造成失速或损坏结构；比值过大则飞机显得过于反应迟钝。

操纵性可分为静操纵性和动操纵性，前者研究平衡状态时的操纵量，后者研究操纵运动中输入量和输出量随时间变化的全过程。按研究的运动参数不同，和飞机安全性一样，操纵性也分为纵向操纵性、航向操纵性和横向操纵性。操纵性和安全性之间有着密切的、对立统一的关系，操纵性强则安全性弱，反之亦然，设计时需要对两者进行综合考虑。

二、操纵的原理及实施

飞机的操纵通过升降舵、方向舵和副翼三个操纵面进行。转动这三个操纵面，在气流的作用下，会对飞机产生操纵力矩，使其绕横轴、纵轴和立轴转动，以改变飞行姿态。

按运动方向的不同，飞机的操纵也分为纵向操纵、横向操纵和航向操纵。

改变飞机纵向运动（俯仰）的操纵称为纵向操纵，主要通过推、拉驾驶杆，使飞机的升降舵或全动平尾向下或向上偏转，产生俯仰力矩，使飞机做俯仰运动。驾驶员向后拉驾驶杆，经传动机构传动，升降舵便向上偏转，这时，水平尾翼上产生向下的力，使机头上仰；驾驶员向前推驾驶杆，则升降舵向下偏转，使机头下俯。

使飞机绕机体纵轴旋转的操纵称为横向操纵，可以实现飞机的滚转运动。横向操纵主要由偏转飞机的副翼来实现。驾驶员向左压驾驶杆，左副翼向上、右副翼向下，这时左机翼升力减小，右机翼升力增大，产生向左的滚转力矩，使飞机向左倾斜。驾驶员向右压驾驶杆，则右副翼向上、左副翼向下，飞机向右倾斜。采用驾驶盘的飞机，则左转或右转驾驶盘，与左右压杆的操纵作用相同。

改变飞机航向运动的操纵称为航向操纵，由驾驶员踩脚蹬，使方向舵偏转来实现。踩右脚蹬时，方向舵向右摆动，产生向右的偏航力矩，飞机机头向右偏转；踩左脚蹬时则相反，机头向左偏转。实际飞行中，横向操纵和航向操纵是密不可分的，经常相互配合、协调进行，因此横向操纵和航向操纵常常合称为横航向操纵。

飞行员操纵飞机时，手脚的操纵动作与人的运动本能反应相一致。

现代的超音速飞机多以全动式水平尾翼代替只有升降舵可以活动的水平尾翼。因为全动式水平尾翼的操纵效能比升降舵的操纵效能高得多，可以大大改善超音速飞机的纵向操纵性。随着飞行马赫数的提高，飞机飞行时的动压也迅速增大，于是偏转操纵面所需要施加的力也变得越来越大，以至于驾驶员难以操纵或造成体力不支。为解决这一问题，现代飞机的操纵系统不仅有助力器、力臂调节器，还有人工载荷机构来模拟驾驶杆上的气动载荷，使驾驶员在减小操纵力的同时，还能够感受到操纵力矩的变化。总之，驾驶员操纵舵面改变飞机姿态要和人体的自然动作协调一致（如往左压驾驶杆时，飞机应向左滚转；往右压驾驶杆时，飞机应向右滚转），而且手上所感受到的力的大小和方向也应正常和适中，否则很容易产生操纵失误。

第五节 飞机重心位置计算

飞机重心位置的计算方法有代数法、站位法、指数法、平衡图表法等。

一、代数法

从俯仰平衡的角度来看，飞机的重心是下俯力矩（即低头力矩）和上仰力矩（即抬头力矩）在数量上相等的一点。

空飞机的重量和重心位置都可以在飞机的出厂说明书中查出。在空飞机上增加重量时，只要不是在空飞机的重心位置上增加，都会使飞机的重心位置发生移动。至于移动的方向和距离，则取决于增加重量的位置和多少。同样，在飞机上减去重量，也将使飞机的重心位置发生移动。为了便于计算飞机装载后的重心位置，可以根据计算的需要，在飞机机身中轴线上指定一点作为基准点。飞机的每项重量与基准点的水平距离，就是该项重量的力臂。每项重量乘以它的力臂就是该项重量构成的力矩。在计算飞机的重心位置时，一般假设机头向左方，因此如果某项重量的位置在基准点的左侧，则其力臂取负值，构成的力矩项对于基准点为低头力矩；如果某项重量的位置在基准点的右侧，则其力臂取正值，构成的力矩项对于基准点为抬头力矩。凡是加在飞机上的重量都取正值，凡是从飞机上取下的重量都取负值。按照这个规定逐一计算出各项重量（包括空机重量）构成的力矩值，得负值时为低头力矩，得正值时为抬头力矩。把所有力矩值加总得到力矩总和。由于合力绕任何一点的力矩等于各个分力绕该点的力矩之和，即

$$总重量 \times 重心相对于基准点的距离 = 所有力矩之和$$

因此有

$$重心相对于基准点的距离 = 所有力矩之和 / 总重量 \qquad (4\text{-}2)$$

由于事先指定了基准点的位置，因此知道了重心相对于基准点的距离后，就得到了重心的实际位置。式（4-2）的值为正时，表示重心在基准点的右侧；如为负值，则表示重心在基准点的左侧。知道了飞机重心的实际位置和平均空气动力弦的位置及长度，就可由式（4-2）表示出飞机的重心位置。

二、站位法

站位是用以表示飞机上任何一点位置的一种度量单位。在设计和制造飞机时，厂家选定某一点为站位基准点，该点定义为 O 站位，而其他任何点相对于站位基准点的距离，称为此任意点的站位。一般也取站位基准点右侧各点的站位为正值，左侧各点的站位为负值，这样，只要确定了站位基准点的位置，则飞机上任何一点的站位均可确定。飞机上各个装载项目所在站位数可以直接作为该项目的力臂值。于是可用式（4-3）计算出飞机重心的站位，即

$$重心的站位 = 所有力矩之和 / 总重量 \qquad (4\text{-}3)$$

采用英制单位的国家一般用英寸（in）作为站位的单位，称为站位英寸；采用公制的国家则用米（m）作为站位的单位，称为站位米。

求出重心的站位数后，可由式（4-1）换算成平均空气动力弦百分比，即

$$\%MAC = (重心站位数 - 平均空气动力弦前缘的站位数) / 平均空气动力弦长 \qquad (4\text{-}4)$$

有些机型在进行计算时，除了利用站位基准点的坐标体系，还另外选定一点作为平衡基准点（又称力矩基准点），所有装载项目的力臂长度都以平衡基准点为准计算。这就需要把各个装载项目的以站位基准点为准计算的力臂（即该项目的站位数）换算成以平衡基准点为准的力臂，即

装载项目相对于平衡基准点的力臂=装载项目的站位数-平衡基准点的站位数　（4-5）

再用式（4-6）计算飞机的重心位置，即

重心相对于平衡基准点的位置=所有力矩之和/总重量　（4-6）

计算结果是重心相对于平衡基准点的位置，然后再由式（4-7）换算成重心的站位数，即

重心的站位数=重心相对于平衡基准点的位置+平衡基准点的站位数　（4-7）

三、指数法

指数是为了便于计算飞机的重心位置而采用的一种和力矩有一定关系的数值，这种数值是人为制定的。目前，很多种机型在载重平衡的计算中采用指数，所用的指数大体可以分为两类，一类是以力矩数作为基数按照一定的规定换算成指数；另一类是以平均空气动力弦百分比作为基数，按照一定的规定换算成指数。

1. 以力矩数为基数的指数

计算飞机的重心时，大量的运算是计算各项重量的力矩数。空飞机的重量和重心位置是已知的，因此相对于某个基准点的力矩数是可算的，当在空飞机上加入附加设备、空勤组及携带物品、服务设备、供应品等项目后，也可计算出基本重量的力矩数，这个数值一般也是固定的。此外，还需要计算出燃油、旅客和货物的力矩数。这三项的重量虽然在每次飞行时都是不同的，但客舱每排座位的位置、每个货舱的位置、每个油箱的位置都是固定的。因此，可预先计算出每一个部位的单位装载量（如 1 个人或 100 kg 重量）所构成的力矩数（例如，第一排座位安排 1 名旅客时构成的力矩数、第二排座位安排 1 名旅客时构成的力矩数……，第 1 号货舱装载 100 kg 货物时构成的力矩数、第 2 号货舱装载 100 kg 货物时构成的力矩数……，第 1 号油箱装入 100 kg 燃油时构成的力矩数、第 2 号油箱装入 100 kg 燃油时构成的力矩数……），然后在计算飞机每次飞行的各项重量的力矩时，只需要把各排座位、各个货舱、各个油箱的实际装载量与其单位装载量的比值和其单位装载量的力矩数相乘，便可计算出实际装载的各项重量构成的力矩数。把这些力矩数与基本重量的力矩数相加，就得到飞机装载后总的力矩数。在计算时，重量一般以 kg 为单位，力臂一般以 m 为单位，因而以此计算出的力矩数值很大，计算困难。为了计算方便，通常把单位装载量构成的力矩数乘以一个适当的缩小系数（如 1/100、1/1000、1/3000 等，因机型不同而不同）作为实际使用的基数，这个基数就称为单位装载量的指数。把基本重量、燃油和业载构成的力矩数分别乘以该缩小系数，就得到基本重量指数、燃油指数和业载指数，把这三个指数相加就得出飞机装载后的总指数。根据飞机装载后的总指数和总重量，就可以从事先经过计算而画出的平衡图表中查出飞机的重心位置%MAC。B737、B747、B757、B767、A300、MD82 等机型就采用了这种指数。

2. 以平均空气动力弦百分比为基数的指数

从式（4-1）和式（4-2）可以看出，在总重量不变的条件下，总力矩与%MAC之间具有一定的关系，总力矩越大，%MAC越大，因而也可以用%MAC作为指数。把空机重心%MAC作为空机指数，再计算出各种装载位置的单位装载量对于空机重心%MAC的影响数值（即在空机上装了这个单位装载量后使空机重心%MAC位置移动的数量），该数值称为该装载位置的单位装载量指数。有了这些指数，就可以计算出飞机装载后的总指数。根据总指数和总重量，从事先经过计算而画出的平衡图表中查出飞机的%MAC。俄制飞机如IL-18、IL-62和TU-154等机型就采用了这种指数。

实质上，指数法是代数法的推衍和简化。

四、平衡图表法

在飞机每次飞行前，都要求准确地计算出飞机的重心位置。用指数法虽然比用代数法简便，但仍需要进行很多的计算，既费时费力又易出现错误。载重平衡图表是以指数法为基础设计出来的，即指数法的图表化。用平衡图表计算飞机的装载位置比用指数法简便得多。载重平衡图表一般分为载重表及载重电报、平衡图和装载指示表三部分。

第六节　装载移动或增减后的重心位置

一、装载移动后的重心位置计算

乘机的旅客走动或调换座位，已装载的行李、货物或邮件的舱位有变化时，飞机的重心位置很可能发生变化。

在分析和计算飞机重心位置变化时，应以合力矩定理为分析基础，即一个力系的合力对任意一点的力矩等于各分力对同一点的力矩之和。

在装载移动前，平衡点就是飞机的原重心位置。装载移动后，平衡点是飞机的装载状态发生改变后的新的重心位置。从力的实际作用来看，合力的变化取决于各分力的变化，也就是说，合力和合力矩表现出来的状态正是分力和分力矩变化的结果。

不妨以原装载状态的重心为矩心取力矩，则原合力矩为零，原各分力矩之和也为零。

显然，可以由合力矩定理推导出

$$合力矩的变化 = 各分力矩的变化之和$$

重心位置变化的计算公式为

$$飞机总重量 \times 重心位置变化量 = \sum 移动标的的重量 \times 该标的移动的距离 \quad (4-8)$$

重心变化的方向与装载移动的方向相同。

二、装载增减后的重心位置计算

在值机手续完成后,已登机的旅客因故下机,或有旅客晚登机,已装载的行李、货物或邮件需要卸下,或有行李、货物或邮件需要紧急装机,等等,这时,飞机的重心位置也很可能发生改变。

在分析和计算飞机重心位置变化时,同样应以合力矩定理为分析基础。

在装载增加或减少前,平衡点就是飞机的原重心位置。装载增加或减少后,平衡点是飞机的装载状态发生改变后的新的重心位置。其分析方式和装载移动的分析方式相同。

不妨以原装载状态的重心为矩心取力矩,则原合力矩为零,原各分力矩之和也为零。由合力矩定理可得

$$合力矩的变化 = 各分力矩的变化之和$$

重心位置变化的计算公式为

$$飞机新总重量 \times 重心位置变化量 = \sum 增加或减少标的的重量 \times 该标的距飞机原重心的距离$$

(4-9)

重心变化的方向:以机头位置为前、机尾位置为后,使飞机抬头的力矩为正、使飞机低头的力矩为负。在飞机原重心位置的前方增加装载,或在飞机原重心位置的后方减少装载,重心向前移动;在飞机原重心位置的前方减少装载,或在飞机原重心位置的后方增加装载,重心向后移动。

第五章

载重平衡图表及业务电报

本章学习目标

1. 载重平衡的基本要求。
2. 国内航班载重平衡的操作流程。
3. 国际及地区航班载重平衡的工作程序。
4. 重心包线图与指数。
5. 载重平衡图表的介绍及使用。
6. 业务电报。

第一节 航班平衡操作程序

一、载重平衡的基本要求

由于飞机受本身结构强度、动力装置及运行条件等因素限制,为了确保飞机的飞行安全和最大限度地提高载运率,对其所装载的重量及重量分布的严格限制是非常必要的。

因此,飞机实际业载的配算必须做到以下三个"相符"。

1. 重量相符

(1) 载重表、载重电报上的各项重量与舱单相符。
(2) 配载表、装载通知单等工作单据上的重量与舱单、载重表相符。

2. 单据相符

装在业务袋内的各种运输单据与舱单相符。

3. 装载相符

(1) 出发、到达、过站的旅客人数与舱单、载重表相符。
(2) 各种货物的装卸件数、重量与舱单、载重表相符。
(3) 飞机上各个货舱的实际装载量与载重表、平衡图相符。

二、国内航班载重平衡的操作流程

1. 手工配载平衡的操作

国内航班手工配载平衡操作流程如图 5-1 所示。

(1) 平衡准备工作。手工制作平衡表时,根据航班计划,核对机型、飞机注册号,准备对应机型的载重表、平衡图各一式三份,在相应位置分别填入到达站、本站电报地址、航班号、飞机注册号、客舱布局、机组配置、航班执行日期、飞机的使用空重及指数(包括修正),由最大起飞重量、最大着陆重量及起飞油量、航段耗油量计算得到的实际允许最大起飞重量、允许最大业载。

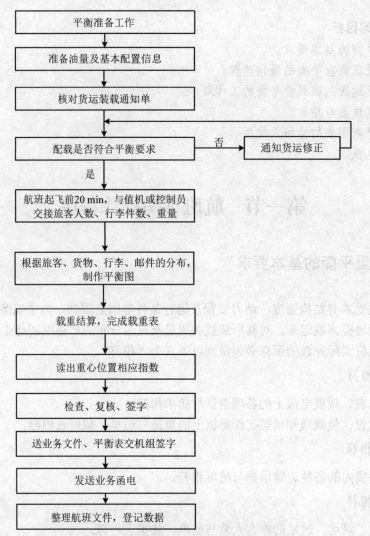

图 5-1 国内航班手工配载平衡操作流程图

（2）从商务调度处获得油量及机组等信息，修正基本配置。

（3）完整、正确的装载通知单依据以下原则：

① 保证旅客、行李所需载量。

② 各舱位实际装载总量应小于各舱位的限载量。

③ 装载通知单应详细、清楚、完整地列明各舱装载货物的车号、件数、重量、性质等，遇多个目的地时应注明货物、行李、邮件的目的地。

（4）收到货运装载通知单时，检查货物、邮件、行李装载计划是否合理，如不符合要求，应及时通知货运配载部门修正。

（5）航班起飞前 20 min，与值机员或控制员交接旅客人数、行李件数和重量。如旅客舱位分布不符合平衡要求，需通知航班控制员调整。如航班为联程航班，应从结载的人员处得到不同航段的旅客座位分布信息，填入备注栏。

(6) 手工平衡操作如下：

① 根据不同航段，分段结算旅客人数、货物、邮件、行李的重量，在载重表中结算出无油、起飞、着陆重量。

② 结算各舱货物、邮件、行李的装载重量，结算旅客实际占座数，据此在平衡图中填制得到飞机的无油和起飞重心，读出 ZFW%MAC、TOW%MAC、STAB TRIM FOR T.O.三个指数。

③ 对各到达站及总计数的横竖各栏进行核对检查，保证一致。

④ 对航班无油、起飞、着陆等重量与允许限额进行核对检查，确保剩余业载为正值。

⑤ 检查、核对平衡图，确保无油、起飞、着陆重心在允许的范围内。

⑥ 若有特殊信息需要说明，在 SI 栏内列明。

(7) 载重平衡表实行双人复核制，双人复核、双人签名。

(8) 载重平衡表制作完毕后，检查平衡表、相关业务文件、飞机注册号是否一致；航班起飞前 5 min，将平衡表与业务袋送上飞机，交机长检查签收。平衡表一式三份，一份交机组，一份作为随机业务文件到目的地，一份平衡室留存。

(9) 若送出随机业务文件后，旅客人数、行李、货物、邮件再有增减，需在允许的范围内更改，并在 LMC 栏进行相应修正（允许范围视不同机型而定）。

(10) 航班起飞后 5 min 内，拍发载重电报等相关业务函电。

(11) 将出港载重电报、平衡表、货运装载通知单、旅客行李交接单、过站平衡表等相关航班文件装订存档，在航班客货载量记录中登记出港旅客人数、行李、货物、邮件数据。

2. 航班离港配载平衡的操作

国内航班离港配载平衡操作流程如图 5-2 所示。

(1) 平衡准备工作。使用离港平衡前，制作离港平衡数据复核表，填写离港操作航班基本数据，如航班号、飞机注册号、目的地、机组、基重、基重指数（包括修正）、最大无燃油重量、最大起飞重量、最大着陆重量、耗油量等。

(2) 核实当日航班值机模块建立情况。以"SY 航班号/日期"指令核对航班号、飞机注册号、标准座位布局等；以"SE 航班号/日期*"指令查看座位发放比例。

(3) 从商务调度处获取油量及机组信息。

(4) 完整、正确的装载通知单依据以下原则：

① 保证旅客、行李所需载量。

② 各舱位实际装载总量应小于各舱位的限载量。

③ 装载通知单应详细、清楚、完整地列明各舱装载货物的车号、件数、重量、性质等，遇多个目的地时应注明货物、行李、邮件的目的地。

(5) 收到货运装载通知单时，检查货物、邮件、行李装载计划是否合理，如不符合要求，应及时通知货运配载部门修正。

(6) 离港系统进行平衡操作，以"SI 工号/密码/88"指令进入。

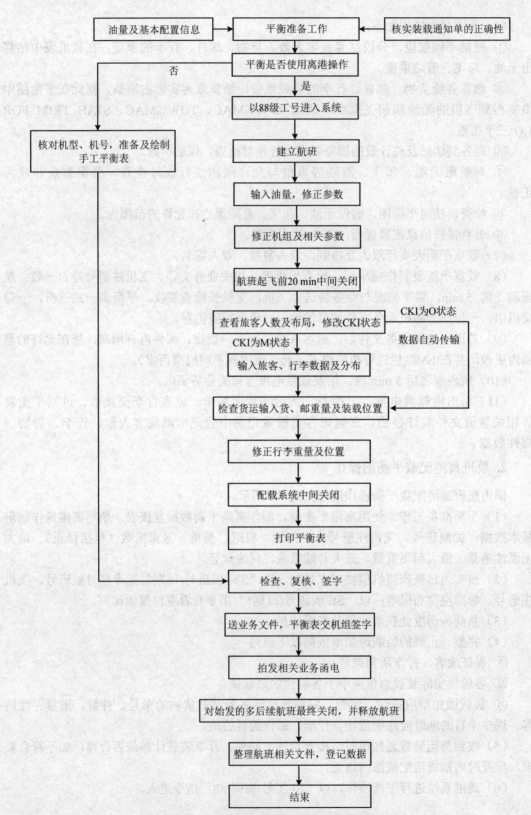

图 5-2　国内航班离港配载平衡操作流程图

（7）建立始发航班，指令为"LCFD 航班号/日期"，在确认后显示的页面中，逐项输入始发地、飞机注册号、飞机座位布局、计划出发时间、目的站三字代码，若有多个后续目的站，应逐站列出；若已列出，则检查是否正确。

（8）输入油量，指令为"LFFD 航班号/日期"，从飞行数据表中查得相应飞机在相应航段的航段耗油量，填在相应位置。

（9）若遇航班机组配置、餐食配置、起飞重量限制等基本数据发生变化，以"LODD 航班号/日期"指令，对相应数据（使用空重、空重指数、机组配置等）进行修正。

（10）航班起飞前 20 min，以"FT 航班号"指令和"CI："指令做 CKI 模块中的中间关闭。

（11）以"LPAD 航班号/日期/PAX"指令，输入或检查旅客人数及占座情况。若与 CKI 模块连接，则不必输入人数及占座情况，用"SY 航班号，Z"指令核对，把最终旅客人数、座位布局、行李件数和重量填写在离港平衡数据复核表中。

（12）以"LFSD 航班号/日期"指令，将 CKI（值机）状态改为 M（手工状态），按 Enter 键确认；一般情况下，CKI 为 O（与值机状态连接），数据自动传入 LDP 模块。

（13）以"LPAD 航班号/日期"指令，逐项输入货物、邮件、行李的目的地、实际重量、性质、舱位（注：由货运输入离港配载中相关数据并复核，由平衡员进行最后一次核对）。以"FT 航班号"指令和"CCL："指令做 CKI 模块中的中间关闭。

（14）以"LFSD"指令显示舱单数据，查看有无警告、出错信息。如有此类不正常信息出现，需要及时调整。

（15）以"LFSD 航班号/日期"指令，将 FLT 状态改为 P，按 Enter 键中间关闭航班。

（16）以"LLSP 航班号/日期/出发站三字代码/打印机地址"指令，或在使用"LFSD"指令时，将 LLSP 选项改为 Y，打印平衡表。

（17）载重平衡表实行双人复核制，主要复核平衡员输入的航班号、目的地、日期、飞机注册号、机组人数、操作基本重量、操作指数、加油量、耗油量、最大起飞重量、最大着陆重量、最大无燃油重量，旅客（成人、儿童、婴儿）人数及 F、JC、Y 舱布局，货物装载舱位等数据。

（18）载重平衡表制作完毕后，检查平衡表、相关业务文件、飞机注册号是否一致；航班起飞前 5 min，将平衡表与业务袋送上飞机，交机长检查签收。平衡表一式三份，一份交机组，一份作为随机业务文件到目的地，一份平衡室留存。

（19）若送出随机业务文件后，旅客人数、行李、货物、邮件再有增减，需在允许的范围内更改，并在 LMC 栏进行相应修正（允许范围视不同机型而定）。

（20）航班起飞后 5 min 内，拍发载重电报等相关业务函电。

（21）航班起飞后，若本站用离港系统操作的始发站航班目的地有两站或以上，应在离港系统中将 LMC 内容进行修正，最后将航班由中间关闭（P）改为最终关闭（C），并释放该航班。其指令为"LFSD 航班号/日期"，将航班 FLT 状态先由 P 改为 C，按 Enter 键确认；再由 C 改为 R，按 Enter 键确认。

（22）将出港载重电报、平衡表、货运装载通知单、旅客行李交接单、过站平衡表等相关航班文件装订存档，在航班客货载量记录中登记出港旅客人数、行李、货物、邮件数据。

三、国际及地区航班载重平衡工作程序

国际及地区航班载重平衡操作流程如图5-3所示。

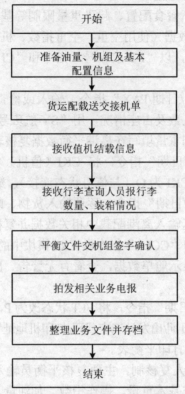

图5-3 国际及地区航班载重平衡操作流程

（1）从商务调度处获得油量及机组等信息，修正基本配置。

（2）装载通知单必须详细列明始发各箱货物的目的地、箱号、重量、性质（货物、邮件）等信息；列明预配行李箱个数。

（3）航班起飞前30 min，国际值机初始关闭（即旅客值机系统为CI状态），报出人数、行李总件数和重量；行李查询人员报出各目的地的行李箱数、其中所装行李件数等信息。平衡员以"行李总重量/总件数"得出每件行李的平均重量，再以"平均重量×行李件数"计得各目的地的行李重量，加上箱重（由不同的集装箱规格决定），除以各目的地的箱数，即得到各箱重量。

（4）在离港配载平衡系统中输入人数、各位置的集装箱重量（多输入一项箱号），中间关闭航班（即将FLT状态改为P），打印平衡表。

（5）若平衡使用手工操作，根据旅客、货物、行李、邮件的分布完成平衡表。

（6）LDM、CPM、LPM等业务电报由国际值机拍发。

（7）载重平衡表、装载通知单、旅客行李交接单等相关业务文件交国际值机存档，平衡室仅在《航班客货载量表》中记入数据。

四、平衡员航后工作程序

（1）认真填写值班日记，将全天航班生产中出现的问题、事件完整、详细、真实地记录在案。

（2）制作航班客货载量记录，装订留存。

（3）制作每日航班出港记录，送交行李房转总调。

（4）整理当日航班的所有文件，装入写有该日日期的业务袋，归档保存。其中包括各航班装载通知单、平衡表、电报底稿及其他业务交接单据。

（5）关闭允许中断工作的设备，包括离港系统终端、打印机等各类设备。

五、航班不正常工作的操作程序

1. 超载

（1）超载分为两种情况。其一是航班旅客、货物、行李、邮件的总业载超出飞机结构和航路条件所允许的最大业载；其二是指总业载未超过最大业载，但分舱位实际装载的货物、行李、邮件重量超过了该舱位的限载量。

（2）货运配载人员送来装载通知单时，应检查：始发货物、邮件装载重量是否合理，是否会造成部分舱位超载；在航班满客的情况下，货物、邮件、行李（预计）重量是否过多，是否会引起总业载超载，以便及时发现超载征候。

（3）发现部分舱位超载时，应通知货运配载人员将超载舱位的货物分拆，调整至其他舱位。

（4）发现总业载可能超载时，应通知货运配载人员准备好本站始发货物中的备份货。

（5）航班值机初始关闭后，报出旅客、行李的确切数据，计算出确切的剩余业载，决定备装货是否承运、装机。

（6）凡涉及货物或邮件（始发、过站）的舱位调整、超载、拉货、分拆等情况，均应由货运配载人员到现场指挥操作，并在与平衡相关的单据上做具体说明、签字认可，然后平衡员方可据此制作载重平衡表。

（7）按实际旅客、行李、货物、邮件数量，编制完成载重平衡表。

2. 飞机变更

（1）控制员通知飞机临时调配，机型发生变更。

（2）若飞机只是注册号变化，而机型、座位布局均没有变化，那么只需更改平衡使用的相关数据，按变更后的飞机数据编制完成载重平衡表。

（3）若飞机机型、座位布局均发生变化，在使用离港旅客值机系统开始值机操作前，通知值机员在该系统中更改机型，重新控制座位。

（4）若飞机机型、座位布局均发生变化，而离港旅客值机系统的值机操作已经开始，按变更后机型的平衡性能通知控制员座位控制情况，将配载平衡系统 LFSD 指令中的 CKI

状态改为手工（M）状态，并通知货运配载人员重新安排始发货物、邮件的装载计划。

（5）无论手工平衡制作还是离港平衡制作，皆在值机关闭后由控制员或值机员报出新的座位布局及行李数据。然后按变更后飞机的相关数据编制完成载重平衡表。

（6）上飞机交接时，协同航班控制员按变更后机型的客舱分区与控制员或值机员核对旅客实际占座情况。

3. 重心偏出

在按照飞机平衡性能预先能控制座位、安排装载计划的前提下，仍有一些不可避免的因素可能造成飞机重心偏出平衡允许范围，包括：较多旅客未出现，离港系统自动发放的座位集中偏离（尤其在团队旅客预留座位而未出现的情况下）；始发货物、邮件由于舱位体积原因，在实际装舱时对装载计划有较大修改；部分机型在低业载或旅客满座的情况下，重心超出允许范围。当平衡偏出范围时，按以下顺序逐一考虑，寻找合适有效的处理方法。

（1）通知货运配载人员调整部分货物、邮件的装舱位置。

（2）调整后重新检查平衡，看重心是否在允许范围内。

（3）若调整货物后，平衡仍不符合要求，偏离重心允许范围，则通知控制员按照平衡要求修正旅客座位发放，直至重心在允许范围内。

（4）根据调整后的实际旅客座位和货物、邮件、行李的装载位置、重量，编制完成载重平衡表。

（5）上飞机交接时，与控制员或值机员核对旅客实际占座情况。

4. 航班备降本场

因天气、航空管制等影响，会出现航班备降本场的情况。

（1）获悉航班备降的消息后，询问商务调度处该航班的航班号、飞机注册号、飞机到达时间、该航班执行的航路、起飞油量等信息，供平衡操作使用。

（2）向控制员了解准确的旅客人数、行李情况以及旅客实际占座情况或重新安排座位发放；从备降航班载重平衡表中得到旅客人数、行李情况等信息，供平衡操作使用。

（3）通知货运配载人员送交该航班的装载通知单；从备降航班载重平衡表中得到该航班的货运装载信息，供平衡操作使用。

（4）根据上述飞机、航路、油量、旅客、货物、邮件、行李等信息，编制完成载重平衡表。

第二节 重心包线图与指数

一、重心包线图

重心包线图如图 5-4 所示。

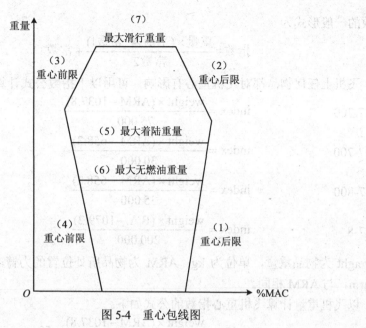

图 5-4 重心包线图

重心范围的限制因素有以下几点：
（1）重心后限受飞行稳定性和前轮驾驶效能或松刹车起飞时飞机抬头等因素的限制。
（2）主起落架承载限制、机身中段载荷限制、平尾效能限制。
（3）前起落架承载限制、机身前段和后段载荷限制、机翼气动力矩限制。
（4）前起落架承载限制、平尾效能限制（重心太靠前，平尾不能提供足够的平衡力矩）、机身后段载荷限制。
（5）机身前段和后段载荷限制、机翼（根部）承载能力限制。
（6）机身后段载荷限制、起落架和机翼承载能力限制。
（7）机身、起落架和机翼承载能力限制。

影响重心的因素有以下几点：
（1）座位变动。
（2）货物变动。
（3）起落架移动。
（4）襟翼移动。
（5）飞行中旅客和机组的移动。

二、指数

指数的本质就是力矩经过加减乘除四则运算后得到的相对简化的数。使用指数的目的是简化力矩的计算。指数的加减表示力矩的加减。指数经过四则运算的逆运算即可转化为力矩，且这种转化关系是一一对应的。通过指数方程，可将%MAC 转化为指数 index。

飞机机型不同，指数方程的系数也各不相同。

指数的一般形式为

$$指数 = \frac{重量 \times (平衡臂 - 常数1)}{常数2} + 常数3 \tag{5-1}$$

（1）飞机上任何物品都对飞机重心有影响，可用以下指数公式计算其修正值。

B757-200 $\quad\quad\quad\quad\text{index} = \dfrac{\text{weight} \times (\text{ARM} - 1037.8)}{75\,000}$

B737-700 $\quad\quad\quad\quad\text{index} = \dfrac{\text{weight} \times (\text{ARM} - 658.3)}{30\,000}$

B737-800 $\quad\quad\quad\quad\text{index} = \dfrac{\text{weight} \times (\text{ARM} - 658.3)}{35\,000}$

B787-8 $\quad\quad\quad\quad\text{index} = \dfrac{\text{weight} \times (\text{B.A.} - 1079.2)}{200\,000}$

其中，weight 为物品重量，单位为 kg；ARM 为物品所处位置的力臂，单位为 in；B.A.即 balance arm，与 ARM 相同。

（2）以飞机重量计算飞机重心指数的公式如下。

B757-200 $\quad\quad\quad\quad\text{index} = \dfrac{\text{weight} \times (\text{ARM} - 1037.8)}{75\,000} + 50$

B737-700 $\quad\quad\quad\quad\text{index} = \dfrac{\text{weight} \times (\text{ARM} - 658.3)}{30\,000} + 45$

B737-800 $\quad\quad\quad\quad\text{index} = \dfrac{\text{weight} \times (\text{ARM} - 658.3)}{35\,000} + 45$

B787-8 $\quad\quad\quad\quad\text{index} = \dfrac{\text{weight} \times (\text{B.A.} - 1079.2)}{200\,000} + 50$

按以上公式，可以计算飞机的基本重心指数、使用重心指数、无油重心指数和起飞重心指数等。基本重心指数（basic index，BI），即以飞机的基本重量计算出的飞机重心位置的数值。使用重心指数（dry operating index，DOI），即以飞机使用空重计算出的飞机重心位置的数值，一般情况下，以基本重心指数修正机组人数、服务用品等的重量变化而求得。无油重心指数（zero fuel index），即以飞机的实际无燃油重量计算出的飞机重心位置的数值。起飞重心指数（take off index），即以飞机的实际起飞重量计算出的飞机重心位置的数值，一般情况下，以无油重心指数修正起飞油量变化而求得。

（3）重心位置的表示（%MAC）见第四章式（4-1）。有时，也用重心在平均空气动力弦（MAC）上的投影点与平均空气动力弦前缘的距离，在平均空气动力弦中所占的等份来表示重心位置，这两种表示方法在数值上相差 100 倍，但实质相同。一些具体机型的重心位置计算公式可以表示如下。

B757-200 $\quad\quad\text{C.G}(\%\text{MAC}) = \dfrac{\text{ARM} - 991.9}{199.7} \times 100$

B737-700 $\quad\quad\text{C.G}(\%\text{MAC}) = \dfrac{\text{ARM} - 627.1}{155.8} \times 100$

B737-800 $\quad\quad\text{C.G}(\%\text{MAC}) = \dfrac{\text{ARM} - 627.1}{155.8} \times 100$

B787-8 $C.G(\%MAC) = \dfrac{B.A. - 1029.8}{246.9} \times 100$

其中，ARM 为飞机重心位置的力臂，单位为 in。

（4）燃油指数。将燃油重量相对于基准产生的力矩转化为指数，就是燃油指数。燃油指数随油量的变化呈非线性变化，其变化规律与油箱位置和加油顺序有关。为确保飞机的平衡，飞机执行加油的过程和燃油的消耗都经过严格的设定。直接计算燃油指数难度极高，但只要知道当前的油量，便可通过对应机型的燃油指数表查出。

（5）旅客与货物指数。将旅客与货物的重量相对于基准产生的力矩转化为指数，就是旅客与货物指数。旅客与货物指数的大小与其重量和舱段分布有关。客舱一般分为若干段，相同数量的旅客在不同舱段或相同的货物位于不同的货舱内所产生的指数并不相同，如图 5-5 所示。

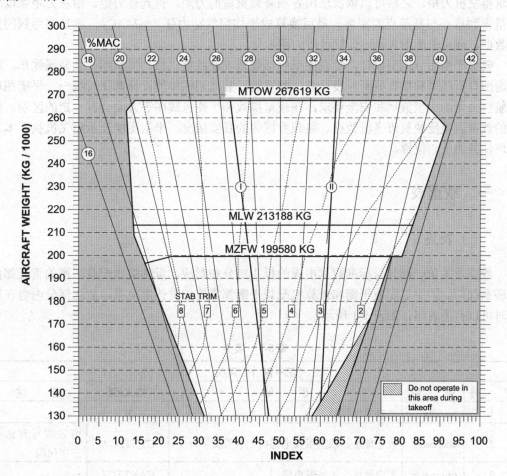

图 5-5 旅客与货物指数

三、起飞配平的基本原理

飞机的配平工作非常重要，正确的配平来自重量、重心的精确计算，旅客、货物、加油量都影响飞机的重量、重心，旅客、货物和加油量等信息必须及时通知配载部门。配平工作可以由装载配平单（weight and balance chart）来完成。配载人员在装载配平单上合理安排旅客、货物，确定飞机的重心及配平值（配平调整片的刻度或水平定安面的调定值）。飞行员要根据装载配平单检查旅客、货物的装载情况，在驾驶舱内对配平片或安定面进行调整，使飞机配平并使驾驶员在起飞操作时有正常的杆力感觉。

第三节 载重平衡图表的介绍及使用

根据前面章节内容可知，在飞机的纵轴线上设定基准点后，通过空机重量和空机重心能求得空机力矩。之后可以依次求出各项装载重量的力矩，得到总力矩。由总力矩除以总重量得到重心与基准点的距离。最后换算成平均空气动力弦（%MAC），就是要用到的重心数据。载重平衡图表是该计算过程的图表化。

载重平衡图分机型设计，每套图纸包括载重表及载重电报、平衡图、装载通知单。除平衡图有折线型和指数型两种设计外，载重表、装载通知单的设计都比较统一。平衡图根据航空公司的机型数据和安全要求，在载量指数和平衡包线图等方面会有一定的区别。航班的载重表能反映航班飞机数据、装载数据等的真实情况。平衡图能表示出飞机执行本次航班任务的重心位置。

一、载重表

（一）表头

载重表的第一部分与标准载重电报的报头部分相对应，反映航班配载平衡的责任部门和联系部门。因手工配载平衡和计算机配载平衡都需要拍发载重电报，故这部分内容在填制时可以有所省略，如表 5-1 所示。

表 5-1 表头

第一部分 表头				
序 号	条 目	说 明	格式/例	备 注
1	priority	电报等级代号	QU	
2	addresses	收电地址，载重报收电部门七字英文字母	CTUTZCA	可只填写到达站三字代码
3	originator	发电地址，本站发电部门	CANTZCZ	
4	recharge	电报拍发的委托人（付费人），填执行该航班任务的航空公司二字代码	CZ	
5	date/time	日时组	120830	采用 24 h 制
6	initials	发电人代号		可以省略
7	LDM	载重电报识别代号	CZ3403	

续表

第一部分 表头

序号	条目	说明	格式/例	备注
8	flight	航班号		
9	A/C reg	飞机注册编号	B2923	
10	version	飞机座位布局	Y148	
11	crew	机组人数,如:机头机组数/客舱机组数	3/5	
12	date	制表时间	15OCT13	

(二)操作重量计算

操作重量计算的目的在于修正飞机的基本重量,计算操作重量,为求算飞机的最大业载做准备,如表5-2所示。

表5-2 操作重量计算

| 第二部分 操作重量计算 |||||
序号	条目	说明	格式/例	备注
13	basic weight	飞机的基本重量	32 944	
14	crew	增减空勤成员重量		
15	pantry	食品舱单外增减的厨房用品重量		
16		备用栏		
17	dry operating weight	操作空重(修正后的基本重量),序号第13、14、15项的总和		
18	take-off fuel	总加油量减去起飞前会用掉的油量		
19	operating weight	操作重量,序号第17、18项的数量之和		

(三)允许业务载量计算

通过计算最大业载的三个公式,计算本航班的最大允许业务载量,如表5-3所示。

表5-3 允许业务载量计算

| 第三部分 允许业务载量计算 |||||
序号	条目	说明	格式/例	备注
20	maximum weight for zero fuel	最大无燃油重量,填写该机型技术性能规定的最大无燃油重量		
21	maximum weight for take-off	最大起飞重量,填写该机型技术性能规定的最大起飞重量		
22	maximum weight for landing	最大着陆重量,填写该机型技术性能规定的最大着陆重量		
23	trip fuel	航段耗油量,即飞机从本站起飞至下一到达站的航行耗油量		
24	allowed weight for take-off	允许起飞重量,使用本项a、b、c中的最小值		
25	allowed traffic load	许可业载,第24项(最小值)减去第19项		

（四）各站的载量情况和总数

该部分反映本次航班业载的具体装载情况，如表 5-4 所示。

表 5-4 各站的载量情况和总数

序号	条目	说明	格式/例	备注
		第四部分 各站的载量情况和总数		
26	Dest.	到达站	CTU	填写三字代码
27	No. of Passengers	过站旅客人数		
28	No. of Passengers	本站出发至某站旅客人数		
29	No. of Passengers	本站始发和过境本站的旅客总人数（第 27、28 项总和），可选格式： 1. 成人/儿童/婴儿（填 b、c、d 栏）； 2. 男性旅客/女性旅客/儿童/婴儿（填 a、b、c、d 栏）	如：40/0/4 如：20/20/0/4	
30	cab bag	客舱行李重量		可省略
31	total Tr.	根据前站 LDM 报或舱单填写过境货物、邮件、行李等总重		有集装设备的飞机，此栏也用于填集装器的自重
32	total B	行李总重量		
33	total C	货物总重量		
34	total M	邮件总重量		
35	total T	某到达站货物、邮件、行李重量小计（第 31~34 项总和）		
36	distribution weight	各个舱位装载分布（包括过境和本站始发）		
37		各舱位装载重量小计		
	Remarks	备注栏		
38	PAX	旅客（过境）舱位等级总人数		
39		旅客（出发）舱位等级总人数		
40	.PAX/	旅客占座情况（第 38、39 项之和）		
41	PAD	可拉下旅客（过境）舱位等级		
42		可拉下旅客（出发）舱位等级		
43	.PAD/	可拉下旅客占座情况		
44		附加备注		
45		旅客总数		
46		客舱行李总数		可省略
47		货物、邮件、行李重量总计		

续表

第四部分 各站的载量情况和总数					
序号	条目		说明	格式/例	备注
48			各舱位全部装载总计		
49			各等级占座旅客总数		
50	total passenger weight		旅客总重量		
51	total traffic load		实际业载		
52	underload		剩余业载（在 LMC 之前）		

（五）实际重量数据的计算

实际重量数据计算栏用于计算本次航班的实际无燃油重量、实际起飞重量、实际着陆重量的数据，如表 5-5 所示。

表 5-5 实际重量数据的计算

第五部分 实际重量数据的计算				
序号	条目	说明	格式/例	备注
53	zero fuel weight	实际无燃油重量，第 17、51 项之和		
54	take-off weight	实际起飞重量，第 18、51 项之和		
55	landing weight	实际着陆重量，第 54 项减去第 23 项		

（六）最后一分钟修正

当载重表已经完成后又有加运或减载的旅客或货物等，需要在最后一分钟修正栏填写。如果最后一分钟修正的量在航空公司的限制范围内，可在此栏目做增减；如果修正的量超出限制范围，则必须重新制表，如表 5-6 所示。

表 5-6 最后一分钟修正

第六部分 最后一分钟修正（LMC）				
序号	条目	说明	格式/例	备注
56	Dest.	到达站		三字代码
57	specification	发生变更的项目		
58	Cl/Cpt	变更项目的等级/舱位		
59	+/-	变更项目的加或减		
60	weight	变更项目重量		
61	LMC total +/-	最后修正（增或减）		
62	LMC total weight	最后修正总计		
63	LMC	最后修正总计		

（七）补充信息和注意项

在补充信息和注意项中填写本次航班需要特别说明的一些事项，如飞机修正后的基本重量（BW），修正后的基本重量指数（BI），特殊物品装载重量、件数和装机位置，特殊旅客座位、行李，飞机重心偏前或偏后提示，加尾撑杆等，如表5-7所示。

表5-7 补充信息和注意项

第七部分 补充信息和注意项				
序 号	条 目	说 明	格式/例	备 注
64	SI	补充信息（自由格式）		
65	notes	注意事项（不需要在载重报中显示）		

（八）平衡与占座情况

平衡与占座情况反映航班的平衡状态和旅客占座情况，如表5-8所示。

表5-8 平衡与占座情况

第八部分 平衡与占座情况				
序 号	条 目	说 明	格式/例	备 注
66	balance	根据要求填写飞机平衡状态，如：无油重心/起飞重心/着陆重心，水平尾翼配平等		
67	seating	占座情况		
68	total passengers	（实际登机的）旅客总数，第45项a、b、c、d和LMC项的合计		
69	prepared by	制表人签字		
70	approved by	机长签字		

A320-214、B757-200型飞机载重表如图5-6、图5-7所示。

二、平衡图

（一）平衡图介绍

通过对飞机重心的计算可知，按照合力矩定理，当在飞机的纵轴线上设定基准点后，根据飞机空机重量和飞机空机重心可以求出飞机空机力矩。然后分别求出各项装载重量的力矩，即可得到总力矩。由总力矩除以总重量得到重心与基准点的距离。最后换算成平均空气动力弦（%MAC），就是要用到的重心数据。

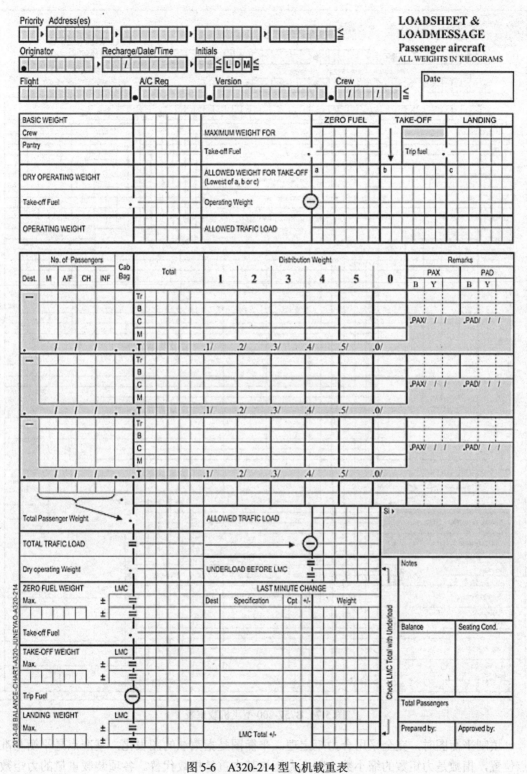

图 5-6　A320-214 型飞机载重表

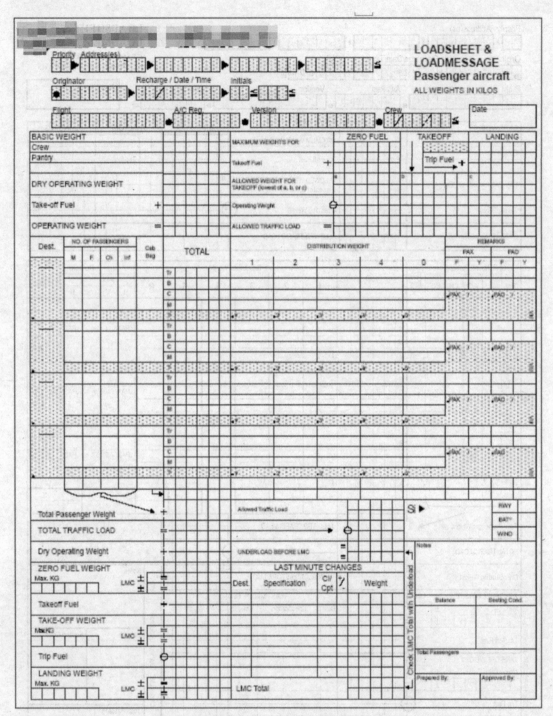

图 5-7　B757-200 型飞机载重表

填制平衡图时，完全采用合力矩定理。平衡图是指数法的图表化，基准点是平衡基准点位置，指数是力矩数的缩小数，空机力矩被基本重量指数代替。各项装载重量的力矩数即各业载的指数。基本重量指数和各业载的指数和就是总指数，总指数和总力矩唯一对应，可线性互换。查表的过程实际上包含了总力矩除以总重量，以及换算成%MAC 的过程。所以，在填制平衡图时，实际上需要完成飞机总重量的计算和总指数的计算，以及查表工作（换算成%MAC）。

用平衡图计算飞机的重心，反映飞机执行本次航班任务的重心位置。每架飞机每次航班都必须计算飞机重心，填制平衡图是手工计算飞机重心的方法，是配载平衡人员需要掌握的基本功。平衡图有折线型和指数型两种设计，每份平衡图上标明适用的机型与布局，且不同型号的飞机不可以混合使用。B757-200 型飞机平衡图如图 5-8 所示，B787-8 型飞机平衡图如图 5-9 所示。

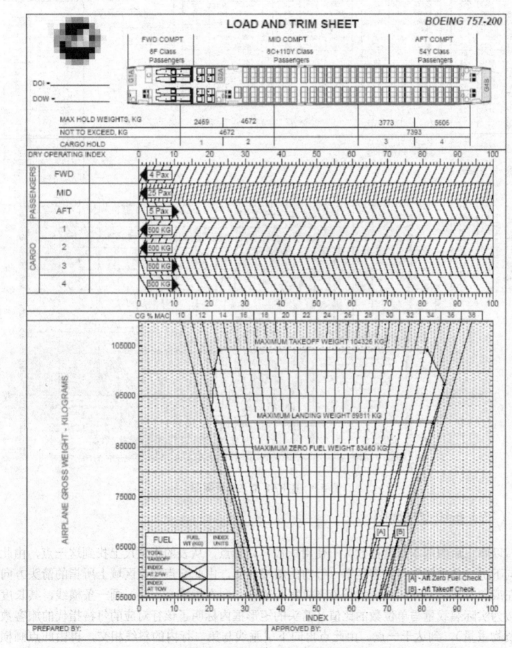

图 5-8　B757-200 型飞机平衡图

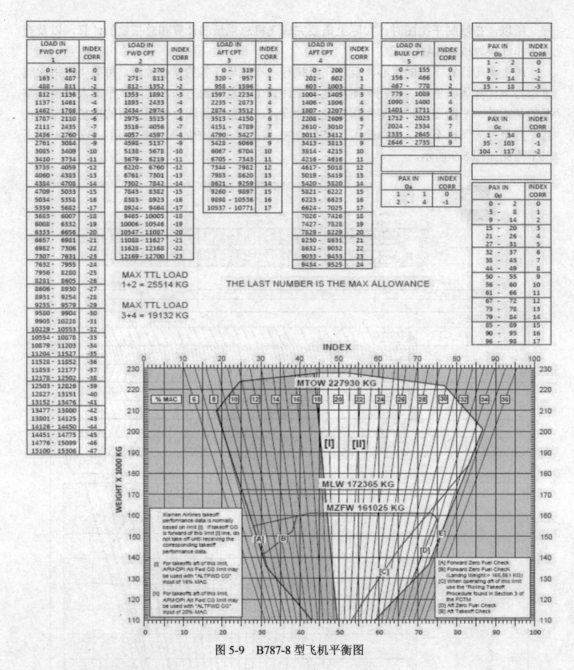

图 5-9 B787-8 型飞机平衡图

(二)折线型平衡图

以修正后的基本重量指数(干使用指数)为起点,从表的指数尺上找到这一点,由此点向下引一条垂线先与旅客区第一行内的斜线相交,由此交点按该区域上所指的箭头方向向左或向右(向左指此项装载量使飞机重心前移,向右指重心后移)画一条横线,其长度格数为实际装载量与单位数的比值(箭头的矩形框内标明了该行对应的每格指代的旅客数或货物重量),到达于一点。由此点再向下引垂线与第二行内的斜线相交,再由此点画横线,以此类推,一直画到下面的重心位置栏。折线型平衡图的指数计算部分如图 5-10 所示。

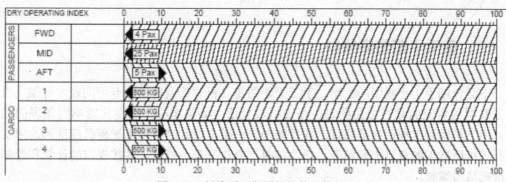

图 5-10　折线型平衡图的指数计算部分

（三）指数型平衡图

在计算指数时通过指数的加减运算得出无油重量指数和起飞重量指数。B787 型飞机平衡图的指数计算部分如图 5-11 所示。

LOAD IN FWD CPT 1	INDEX CORR
0 - 162	0
163 - 487	-1
488 - 811	-2
812 - 1136	-3
1137 - 1461	-4
1462 - 1786	-5
1787 - 2110	-6
2111 - 2435	-7
2436 - 2760	-8
2761 - 3084	-9
3085 - 3409	-10
3410 - 3734	-11
3735 - 4059	-12
4060 - 4383	-13
4384 - 4708	-14
4709 - 5033	-15
5034 - 5358	-16
5359 - 5682	-17
5683 - 6007	-18
6008 - 6332	-19
6333 - 6656	-20
6657 - 6981	-21
6982 - 7306	-22
7307 - 7631	-23
7632 - 7955	-24
7956 - 8280	-25
8281 - 8605	-26
8606 - 8930	-27
8931 - 9254	-28
9255 - 9579	-29
9580 - 9904	-30
9905 - 10228	-31
10229 - 10553	-32
10554 - 10878	-33
10879 - 11203	-34
11204 - 11527	-35
11528 - 11852	-36
11853 - 12177	-37
12178 - 12502	-38
12503 - 12826	-39
12827 - 13151	-40
13152 - 13476	-41
13477 - 13800	-42
13801 - 14125	-43
14126 - 14450	-44
14451 - 14775	-45
14776 - 15099	-46
15100 - 15306	-47

LOAD IN FWD CPT 2	INDEX CORR
0 - 270	0
271 - 811	-1
812 - 1352	-2
1353 - 1892	-3
1893 - 2433	-4
2434 - 2974	-5
2975 - 3515	-6
3516 - 4056	-7
4057 - 4597	-8
4598 - 5137	-9
5138 - 5678	-10
5679 - 6219	-11
6220 - 6760	-12
6761 - 7301	-13
7302 - 7842	-14
7843 - 8382	-15
8383 - 8923	-16
8924 - 9464	-17
9465 - 10005	-18
10006 - 10546	-19
10547 - 11087	-20
11088 - 11627	-21
11628 - 12168	-22
12169 - 12700	-23

MAX TTL LOAD
1+2 = 25514 KG

MAX TTL LOAD
3+4 = 19132 KG

LOAD IN AFT CPT 3	INDEX CORR
0 - 319	0
320 - 957	1
958 - 1596	2
1597 - 2234	3
2235 - 2873	4
2874 - 3512	5
3513 - 4150	6
4151 - 4789	7
4790 - 5427	8
5428 - 6066	9
6067 - 6704	10
6705 - 7343	11
7344 - 7982	12
7983 - 8620	13
8621 - 9259	14
9260 - 9897	15
9898 - 10536	16
10537 - 10771	17

LOAD IN AFT CPT 4	INDEX CORR
0 - 200	0
201 - 602	1
603 - 1003	2
1004 - 1405	3
1406 - 1806	4
1807 - 2207	5
2208 - 2609	6
2610 - 3010	7
3011 - 3412	8
3413 - 3813	9
3814 - 4215	10
4216 - 4616	11
4617 - 5018	12
5019 - 5419	13
5420 - 5820	14
5821 - 6222	15
6223 - 6623	16
6624 - 7025	17
7026 - 7426	18
7427 - 7828	19
7829 - 8229	20
8230 - 8631	21
8632 - 9032	22
9033 - 9433	23
9434 - 9525	24

THE LAST NUMBER IS THE MAX ALLOWANCE

LOAD IN BULK CPT 5	INDEX CORR
0 - 155	0
156 - 466	1
467 - 778	2
779 - 1089	3
1090 - 1400	4
1401 - 1711	5
1712 - 2023	6
2024 - 2334	7
2335 - 2645	8
2646 - 2735	9

PAX IN 0a	INDEX CORR
1 - 1	0
2 - 4	-1

PAX IN 0b	INDEX CORR
1 - 2	0
3 - 8	-1
9 - 14	-2
15 - 18	-3

PAX IN 0c	INDEX CORR
1 - 34	0
35 - 103	-1
104 - 117	-2

PAX IN 0d	INDEX CORR
0 - 2	0
3 - 8	1
9 - 14	2
15 - 20	3
21 - 26	4
27 - 31	5
32 - 37	6
38 - 43	7
44 - 49	8
50 - 55	9
56 - 60	10
61 - 66	11
67 - 72	12
73 - 78	13
79 - 84	14
85 - 89	15
90 - 95	16
96 - 98	17

图 5-11　B787 型飞机平衡图的指数计算部分

三、载重平衡图表绘制

下面介绍手工平衡图的绘制。手工平衡图是飞机制造商提供的专用图表，每架飞机都有与其型号对应的载重平衡图表。在飞机改装后，如果重心平衡变化影响到图表的准确性，由飞机维修工程部核准修订，并发布通告。手工绘制时，载重平衡员应准确选用实际运行飞机所适用的载重平衡图表，严格核对飞机注册号、机型，并按规定的计算和绘制方法准确填写编制。

下面以 B737-800 型飞机的载重平衡图手工绘制为例进行介绍。注意：本例仅供重量值求算及重心绘制过程参考，不能作为实际运行配载依据。其中参照了多家航空公司的资料，附图与文字并不严格对应。

例 5-1 2001 年 9 月 25 日，由 B-2153 号飞机（B737-800）执行 FM651 航班（PVG-HRB）飞行任务。该飞机基本重量为 43 320 kg，指数为 44.0。最大起飞重量为 70 533 kg，最大着陆重量为 65 317 kg，最大无燃油重量为 61 688 kg。航班上有旅客 127 个成人、2 个儿童（F 舱 4 人，Y 舱 125 人），分布情况为 FWD4 人、MID60 人、AFT65 人；行李 1 875 kg / 185 件，装在 2 舱；货物 260 件，重量为 2 000 kg，装在 3 舱；邮件 125 kg / 15 件，装在 1 舱。B737-800 型飞机标准机组为 4/6，加油 13 200 kg，耗油 7 500 kg。根据以上情况，为本次航班填写载重表和平衡图。

解：

（1）在 PRIORITY 栏内填写发报等级：QU。

（2）在 ADDRESS（ES）栏内填写收电地址组：HRBTZCA BJSTDCA。

（3）在 DRIGINATOR 栏内填写发电地址组：SHAUXFM。

（4）在 FLIGHT 栏内填写航班号：FM651。

（5）在 A/C REG 栏内填写飞机注册号：2153-B。

（6）在 VERSION 栏内填写标准座位布局：F8Y153。

（7）在 CREW 栏内填写标准机组：4/6。

（8）在 DATE 栏内填写执行本航班的日期：2001.9.25。

（9）在 BASIC WEIGHT 栏内填写基本重量：43 320。

（10）在 CORRECTIONS 栏内对增加机组进行修正。

（11）根据起飞油量计算出操作重量（OPERATING WEIGHT）：56 520。

（12）根据飞机有关重量数据，在载重表中计算出最大业载和实际业载，并将货物、邮件、行李的重量分别填入相应栏内。

（13）在 DEST 栏内填写到达站三字代码，并将旅客人数填入相应栏内，如有经停航班，将经停站三字代码填入 DEST 栏内，并将座位分布情况填写在 SEATING CONDITIONS 栏内。国内航班，每个成人旅客体重按 72 kg 计算，儿童体重按 36 kg 计算，婴儿体重按 10 kg 计算；国际航班，每个成人旅客体重按 75 kg 计算，儿童体重按 35 kg 计算，婴儿体重按 10 kg 计算，将旅客总重量填入 PASSENGER WEIGHT 栏内。

（14）在平衡图重量计算栏中，计算出该航班实际起飞重量（TAKE OFF WT）、着陆重量（LANDING WT）和无燃油重量（ZERO FUEL WT），并与规定的最大起飞重量、最大着陆重量和最大无燃油重量进行比较，检查是否超出限制。

（15）根据实际业载计算出本航班的缺载，填入 UNDERLOAD 栏内，若此栏计算结果为负数，说明本航班已超载，应按超载处理。

（16）将旅客、货物、邮件、行李的分布情况填入平衡表相应舱位内。

（17）以空机重心指数为起点，从表的指数标尺上找到这一点，由此向下引一条垂线先与第一条装载项目的横坐标线相交，由此交点按横标上所指的箭头方向向左或向右（向左指此项装载量使飞机重心前移，向右指重心后移）画一条横线，其长度格数应与实际装载量所折算的单位数相等，到达于一点。由此点再向下引垂线与第二条横坐标线相交，由此交点按横坐标上所指的箭头方向向左或向右再画一条横线，以此类推，一直画到重心位置图表区。

（18）DRY OPERATING INDEX 是飞机基本重量指数标尺，按上述原则画出的垂线与飞机的无燃油重量横线交于一点，此交点就是无燃油重量的重心位置。查出相应的重心%MAC 数值，填入 ZERO FUEL WEIGHT %MAC 栏内：23.8%。

（19）以无燃油重量的重心位置载重线与无油指数标尺相交的一点为起点，根据起飞油量查阅油量指数表所确定的油量指数，向左或向右画线，其长度格数相当于起飞燃油重量的指数，并由此向下引垂线，落到飞机重心区域与该飞机的起飞重量线相交，此交点即起飞重量的重心位置，查出相应的重心%MAC 数值，填入 TAKE-OFF WEIGHET %MAC 栏内：23.6%。

（20）根据起飞重量的重心位置，引一条基于 TOW 点相近的%MAC 标尺线的平行线；平行线向上相交于"尾数数据表"，根据实际最大起飞重量，读取线、表相交值范围，选取最接近的数值作为配平指数，并将其填入 STAB TRIM FOR T.O.W 栏内或 TAKE-OFF TRIM SETTING 栏内：5.0。

（21）在 PREPARED BY 栏内签上制作平衡图的作者姓名，整个平衡图制作完毕。

第四节　业　务　电　报

一、一般规定

载重平衡工作处理的电报包括载重电报和集装箱板布局报两种类型。其主要用途是将航班的基本信息通报到达站及经停站，以使有关部门预先了解航班信息，提前做好准备工作。对电报的基本要求有以下几点：

（1）电报应如实反映航班信息，包括最后一分钟修正内容。

（2）电报应按规定格式编发。

（3）电报应在航班起飞后 5 min 内拍发。

（4）载重电报和集装箱板布局报的等级均为 QU。

二、载重电报

载重电报是配载部门所发电报的一种，根据舱单（包括最后一分钟修正）内容编制而成。其用途是让航班沿线各站预先得知该航班实际旅客人数、实际业载及各货舱装载情况。收报地址为对方航站配载部门。

载重电报是将从本站始发的业载情况电告航班所有经停站及终点站以便组织接机，各有关经停站根据此载重电报计算过站业载，进行载重平衡计算。载重电报应根据舱单上最后结算的数字编制，必须和实际载重完全相符，要求在飞机起飞后 5 min 内发出。电报编好后要认真核对，防止写错、算错或用错代号。飞机上如载有特别重要、紧急物品或有重要事项通知某个前方站，可以在报文中用规定的代号进行简要说明。

（一）载重电报的组成

（1）电报类别（电报等级）、收电单位、发电单位、发电时间。
（2）电报识别代号 LDM。
（3）航班号、飞机注册号、座位布局、机组人数、飞机的空机操作重量和指数。
（4）飞机载重情况。每个前方站为一段，按飞机到达的先后顺序编写。包括旅客人数/行李重量/邮件重量/货物重量，并注明所在的舱位。
（5）注明旅客 F、C、Y 舱的数量及行李（B）、邮件（M）、货物（C）的件数。
（6）注明旅客特别服务项目、特种货物和需要特殊照料的事项、装载位置等（此项内容也可单独拍发 SSR、OSI 电报和特种货物运输电报）。

（二）载重电报范例

QU PEKTZCA
·SHATZ9S 211215
LDM
9C8813 B6250 Y180 2/4 43270 52.6
PEK 189.0.1/1552/212/4805 B102 M25 C136
PAX Y180 1/1552 2/2100
3/8174/2100
=

（三）载重电报特殊简码

（1）载重电报须注明的货物品种及其简字如图 5-12 所示。

简字	货物品种	简字	货物品种
AOG	紧急航空器材	HEG	孵蛋
AVI	动物	HUM	尸体
BIG	超大货物	ICE	放有干冰的货物
FRZ	冷冻货物	MED	急救用药品,医疗用品
HEA	超重货物	NPM	纸型
RAPT	限制运输物品、危险品		
REX	爆炸品	ROP	有机过氧化物
RFG	易燃压缩气体	ROX	氧化物
RFL	易燃液体	RPB	二级毒品
RFS	易燃固体	RPC	三级毒品
RFW	遇湿危险品	RPG	有毒气体
RHM	有毒物品	RRW	一级放射性物品
RIM	刺激性物品	RRY	二、三级放射性物品
RIS	传染性物品	URG	紧急货物
RWD	其他危险物品	VAL	贵重物品
RNG	非易燃压缩气体		

图 5-12 载重电报须注明的货物品种及其简字

(2) 特殊旅客服务注明简语如图 5-13 所示。

简字	特殊旅客/特殊服务	简字	特殊旅客/特殊服务
VIP	重要旅客	MOML	穆斯林餐食
BED	担架旅客（后随座位号码）	RSV	预订
F/A	急救旅客	SPML	需特别餐食
UM	无成人陪伴儿童（后随年龄）	STCH	担架
GOSH	到机场等候座位的旅客	SSR	请提供特别服务
HTL	旅馆	WCHC	轮椅
HOSP	医院	YCML	素食

图 5-13 特殊旅客服务注明简语

三、集装箱板布局报

集装箱板布局报又称箱板报，拍发集装箱板布局报的目的是为航班各站提供集装箱板布局信息和箱板利用情况，包括集装箱板在飞机货舱的位置、外形代号、编号、箱板及所承载的重量、到达站等信息，以便前方站做好充分的卸机和装机的准备工作。

（一）拍发集装箱板布局报的规定

(1) 集装箱板布局报应在飞机起飞后 5 min 内发出。
(2) 即使没有被集装设备占用的舱位也必须说明。
(3) 集装设备的装载位置必须与箱板报相符。

（4）集装箱板布局报的识别代号为 CPM。

（二）集装箱板布局报的内容、格式

（1）电报级别代码和收电单位地址。

（2）发电单位地址及日时组（发电单位地址前应加一黑点，隔开收电地址）。

（3）电报识别代号 CPM。

（4）航班号/当地日期.飞机注册号.飞机布局.机组人数。

（5）集装设备在飞机上的位置（在前面加一个连字符号）/集装设备的到达站三字代码/集装设备编号/集装设备装载重量/业载种类代号。

（6）补充信息。须另起一行，以 SI 开头，特殊货物、行李、邮件装载的备注说明，可省去装载位置和重量，每一备注说明前应加一黑点。

（三）集装箱板布局报范例

QU SHATZMU SHAVTMU CANUFCZ BJSTDCA
·CANTZCZ CZ/121606
CPM
CZ3503.B2052.C24Y356.4/15
　—11P/N
　—12P/N
　—13P/SHA/P1P0116CZ/1830/C
　—21P/N
　—22P/N
　—23P/SHA/P6P0221CZ/2300/C
　—31L/N　—31R/N
　—41L/N　—41R/N
　—42L/SHA/AKE70023CZ/890/BY　　—42R/N
　—43L/N　—43R/N
　—44L/SHA/ALF70035CZ/1400/C　　—44R/N
　—5/SHA/400/C.　AVI
SI

四、航空公司和机场各部门二字代码

（一）航空公司各部门二字代码

AP　国际值机，驻外办事处机场办公室

DD　公司驻外办事处

FC　国际货运载量控制部门

FD 机场国内货运部门
FF 货运部门，驻外办事处货运负责人
FI 机场国际货运部门
FS 市区国际货运部门
FT 市区国内货运部门
HC 航空食品公司
HH 配餐部门
KD 机场国内旅客服务部门
KI 机场国际旅客服务部门
KK 公司办事处负责人
KL 机场国际配载部门
KM 离港自动控制中心
KN 机场国内配载部门
KP 国内乘机手续及机场中转售票部门
KU 集装设备控制中心与管理部门
LD 机场国内货运查询部门
LI 机场国际货运查询部门
LL 机场国际行李查询部门
LN 机场国内行李查询部门
MR 驻外办事处机务负责人
OW 驻外办事处航务负责人
RC 国际航班定座控制部门
RD 国内航班定座控制部门
RG 团体定座部门
RM 自动化定座中心
RP 预付票款通知部门
RR 市区售票处，驻外办事处定座室
RT 运价计算部门
RZ 售票处座位控制室
TX 销售业务代理（旅行社）
TZ 国内值机
UA 财务处
UB 经营管理处，质量计量处
UC 宣传广告公司（部门）
UD 航务部、处
UE 科教处
UF 市场销售处（部），航班计划部门
UG 通用航空部门
UH 营运部（处），地面服务部（处）

UI 航行情报室
UJ 设备管理处
UK 总师室（飞行、工程、经济、会计）
UL 飞机维修公司（厂），机务中心
UM 飞机维修工程部，机务中心
UN 飞行大队
UO 签派室
UP 客运处（科）
UQ 货运处（科）
UR 外事部门，国际关系处
US 客舱服务部门，机上供应品处（科）
UT 生产调度室
UV 飞行安全技术处
UW 计划处
UX 公司中心电台
UY 电信处（科），通信主管
UZ 公司 CEO 或总经理

（二）机场各部门二字代码

VB 机场办公室
VC 公共关系处
VD 计划财务处
VF 油料部门
VG 供应处
VK 综合库
VM 机场管理处
VN 现场处
VP 运力部门
VQ 物资设备部门（公司）
VR 基建处
VS 急救中心
VW 油库
VY 电信处
VZ 总经理

第六章

计算机配载与平衡

本章学习目标

1. 了解计算机离港系统。
2. 掌握配载与平衡离港指令。

第一节 计算机离港系统介绍

离港系统（软件）的结构关系如图 6-1 所示。

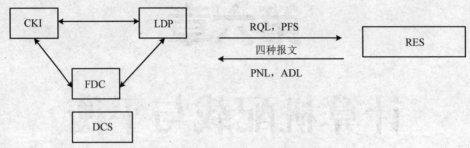

图 6-1 离港系统（软件）的结构关系

　　计算机离港控制系统（departure control system，DCS）是中国民航从美国引进的 UNISYS 公司的航空公司旅客服务大型系统，分为旅客值机控制（CKI）和配载平衡（LDP）两大部分。CKI 与 LDP 可以单独使用，也可以同时使用。它们在使用过程中由航班数据控制系统（flight data control，FDC）进行控制。旅客订座系统（reservation system）简称 RES。

　　CHECK-IN（CKI）是一套自动控制和记录旅客登机活动过程的系统。USAS CKI 记录旅客所乘坐的航班、航程、座位证实情况，记录附加旅客数据（如行李重量、中转航站等），记录接收旅客情况或将旅客列为候补情况。USAS CKI 可以顺序接收旅客、候补旅客，也可以选择接收；旅客也可以一次办理多个航班的乘机手续。

　　LDP 为英文 LOAD PLANNING 的缩写，是中国民航计算机离港系统中的一个应用模块，主要完成航班配载平衡、打印舱单工作，供航空公司、机场配载工作人员使用。它既可以与离港系统中的值机功能模块（CKI）结合使用，也可以单独使用。操作人员以指令形式将必要数据输入离港系统，系统即可准确计算出所需结果。

　　飞机配载为飞机起飞前的必要程序。配载员综合考虑影响飞机平衡的各种因素，确定飞机业载分布，取得飞机起飞前必需的重量、重心等数值，确定飞机重量、重心是否在规定范围内。

　　传统的手工配载方式工作程序复杂，环节较多，人为因素影响大，容易产生错误。计算机配载将配载员从烦琐的手工方式中解脱出来，大大提高了配载工作效率和配载准确性，已被世界航空界广泛采用。

　　LDP 主要可以实现：建立配载航班信息；根据飞机平衡要求确定业载分布；做出航班的舱单；发送相关的业务报文。

LDP 操作流程如图 6-2 所示。

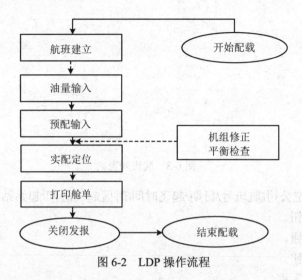

图 6-2　LDP 操作流程

FDC 能够完成航班数据控制，主要负责值机系统的数据管理工作。通常，FDC 编辑旅客值机航班，将季节航班表生成在系统中，为旅客值机做准备工作。其重要的工作是向订座系统申请得到旅客名单。

第二节　配载与平衡离港指令及示例

本节内容以中国民航信息网络股份有限公司（以下简称"中国航信"）开发的离港系统中配载平衡模块为依据，并引用其操作培训教材和配载控制系统（LDP）用户手册中的相应内容。

开放化配载控制系统由中国航信自主研发，是全开放且能够完全替代主机配载模块的业务系统。其可视化图形界面为用户监控航班信息、获取配载数据、发送舱单等操作带来了极大便利。与之前的系统相比，新系统实现了图形化、智能化、自动化的重大突破。登录新一代配载系统时，需要在登录界面输入用户名、密码和验证码，第一次登录需要修改密码。

一、航班控制

1. 航班控制列表

单击 Control Flight List 按钮，打开 Control Flight List 管理界面，在航班列表（见图 6-3）中添加或删除要操作的航班，最多可添加 25 个航班。图中各序号对应的含义如下。

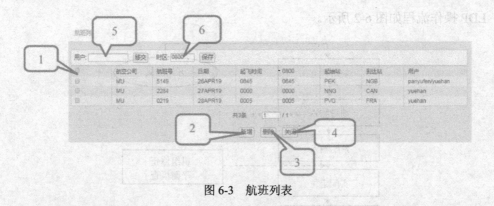

图 6-3　航班列表

（1）复选框/航空公司/航班号/日期/起飞时间/时区起飞时间/起始站/到达站/用户。
（2）"新增"按钮。
（3）"删除"按钮。
（4）"关闭"按钮。
（5）"用户"输入框。
（6）"时区"输入框。

2. 航班搜索及查看航班类型

在航班搜索输入框中输入信息，可搜索指定航班、执行指令、执行快捷方式等；可查看所有航班、查看黄色提醒航班、查看红色报警航班、查看已配载完成航班、查看待配载航班等。

3. 批量操作、释放 PID 报文及 Message 信息

通过下拉列表中的批量操作，可以执行批量操作任务。单击 H/R PID 按钮，弹出 H/R PID 窗口，可以显示、控制、释放 PID 上的报文。单击 Message 按钮，可查看消息列表中的消息。

4. 航班状态提醒及 CHECK 按钮

单击航班状态提醒区，可查看航班状态提醒消息，包括值机航班状态变更提醒、换飞机提醒及配载"I"状态变更提醒。单击 CHECK 按钮，检查值机尚未 CC（完全关闭）且 DL_LIR（开具装机单）已完成的航班数据。如果距离上一次的 CHECK 时间超过 5 min，则 CHECK 按钮变成红色，配载员需要再次单击 CHECK 按钮。

5. Control Flight List 操作

已添加到航班列表中的航班如图 6-4 所示。

图 6-4　已添加到航班列表中的航班

航班具体信息如图 6-5 所示，图中各序号对应的含义如下。

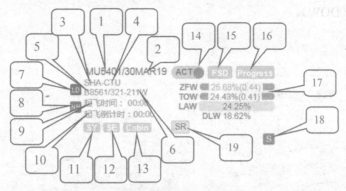

图 6-5　航班具体信息

（1）航班号，单击显示 Schedule 页面。
（2）日期。
（3）起飞航站。
（4）到达航站。
（5）飞机注册号。
（6）机队。
（7）配载状态。
（8）值机状态。
（9）起飞时间。
（10）起飞倒计时。
（11）单击此项，打开 SY 页面。
（12）单击此项，打开值机座位图页面。
（13）单击此项，打开 Cabin Summary 页面，只有在值机状态 CKI status 为 M 的情况下才会显示各类数据前面的 EDIT 按钮，否则无法修改数据。
（14）单击此项，ACT 表示航班以当前实际重量显示航班状态，EST 表示以预计重量显示航班状态。
（15）单击此项，打开 Flight Status Display 页面。
（16）单击此项，打开 Progress 页面。
（17）航班 MAC%。
（18）航班信息状态提醒标识，鼠标移动到图标上，显示具体信息。
（19）单击此项，打开特殊备注信息页面。

Flight Status Display 页面如图 6-6 所示，图中各序号对应的含义如下。
（1）选中此项，ACT 表示航班以当前实际重量显示航班状态，EST 表示以预计重量显示航班状态。
（2）配载航班状态。
（3）值机航班状态。
（4）BW。

（5）BI。
（6）OEW（DOW）。
（7）DOI。

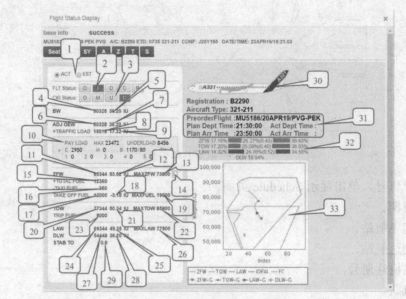

图 6-6　Flight Status Display 页面

（8）TRAFFIC LOAD。
（9）TRAFFIC LOAD 对应的 index。
（10）最大允许业载、剩余业载等业载信息。
（11）ZFW。
（12）LIZFW。
（13）MAXZFW。
（14）MZFW / MLAW / MTOW / MTW 中哪个计算出来的 MTOW 最小，则在哪个后面显示"L"标识。
（15）TOTAL FUEL。
（16）TAXI FUEL。
（17）TOF。
（18）LITOF。
（19）MAXTOF。
（20）TOW。
（21）LITOW。
（22）MAXTOW。
（23）TIF。
（24）LAW。
（25）LILAW。
（26）MAXLAW。

(27) DLW。

(28) LIDLW。

(29) STAB TO。

(30) 航班使用机型的图形显示。

(31) 前序航班信息。

(32) 航班 MAC%。

(33) 航班重心图。

MAC%页面如图 6-7 所示，图中各序号对应的含义如下。

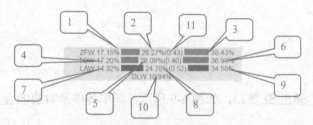

图 6-7　MAC%页面

(1) ZFW FWDMAC。

(2) ZFWMAC。

(3) ZFW AFTMAC。

(4) TOW FWDMAC。

(5) TOWMAC。

(6) TOW AFTMAC。

(7) LAW FWDMAC。

(8) LAWMAC。

(9) LAW AFTMAC。

(10) DLWMAC。

(11) 位置值，表示对应的 MAC%在 MAC%限制范围内的相对位置。

航班重心图如图 6-8 所示，图中各序号对应的含义如下。

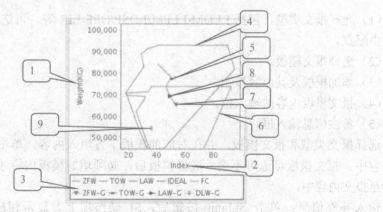

图 6-8　航班重心图

(1) 纵坐标为重量。
(2) 横坐标为 IU（Index Unit）。
(3) 重心图图例。
(4) TOW CG limits。
(5) TOW CG。
(6) ZFW CG limits。
(7) ZFW CG。
(8) LAW CG。
(9) DLW CG。

二、SI

单击 SI 按钮，弹出 SI 窗口，如图 6-9 所示，图中各序号对应的含义如下。

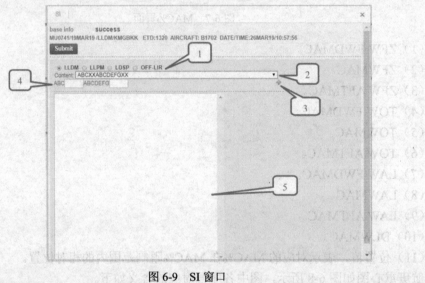

图 6-9　SI 窗口

(1) 选择报文类型，包括 LLDM/LLPM/LDSP/OFF-LIR 等，可选的报文类型在全流程规则中配置。
(2) 选择报文模板。
(3) 添加模板及其内容按钮。
(4) 报文模板内容的输入框。
(5) 备注信息输入框。

选择报文类型和报文模板，并在对应的模板下方填入内容，单击"+"按钮，加入报文内容中。报文模板可选可不选，选择模板后，必须填写模板内容才可以单击"+"按钮添加至报文内容中。

输入补充信息，单击 Submit 按钮后，SI 操作项上方显示相应报文标识。LLDM/LLPM/LCPM/LUCM/LDSP 对应的标识分别是 D/P/C/U/S。

三、ECARGO

ECARGO 页面如图 6-10 所示。

图 6-10　ECARGO 页面

预报货重操作完成后，在 ECARGO 操作项上方显示预计货重值，如图 6-11 所示。通常情况下，该项由货运部门操作。

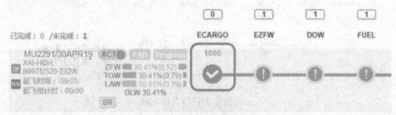

图 6-11　显示页面

四、EZFW

预报货重后，可以报送预计无油重量，单击 EZFW 节点按钮（见图 6-12），会弹出 EZFW 预览窗口。

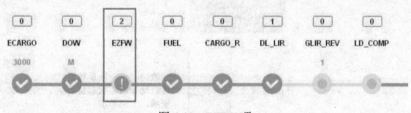

图 6-12　EZFW 项

五、DOW

DOW 项如图 6-13 所示。

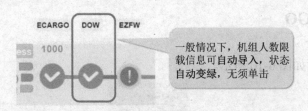

图 6-13　DOW 项

六、CARGO_R

CARGO_R 项如图 6-14 所示。

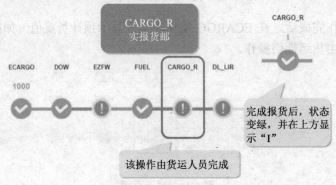

图 6-14　CARGO_R 项

七、FUEL

FUEL 项如图 6-15 所示。

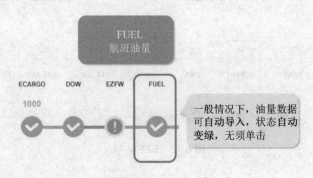

图 6-15　FUEL 项

八、DL_LIR

DL_LIR 项相关说明如图 6-16～图 6-18 所示。

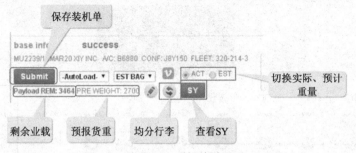

图 6-16　DL_LIR 项相关说明（一）

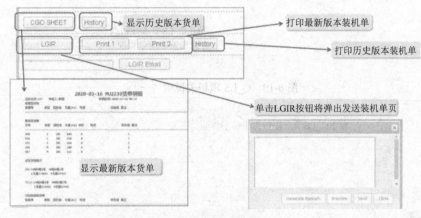

图 6-17　DL_LIR 项相关说明（二）

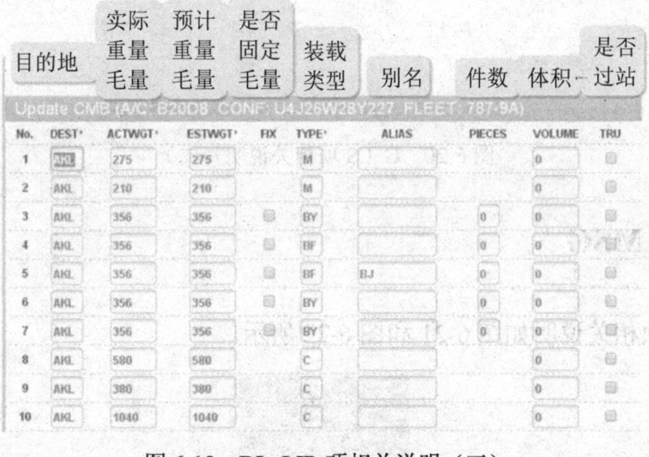

图 6-18　DL_LIR 项相关说明（三）

九、C_LS

C_LS 项相关说明如图 6-19 和图 6-20 所示。

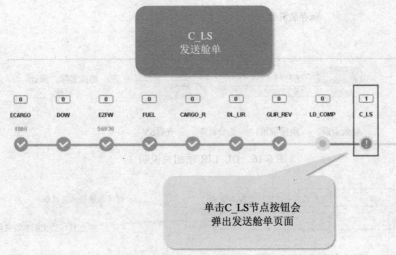

图 6-19 C_LS 项相关说明（一）

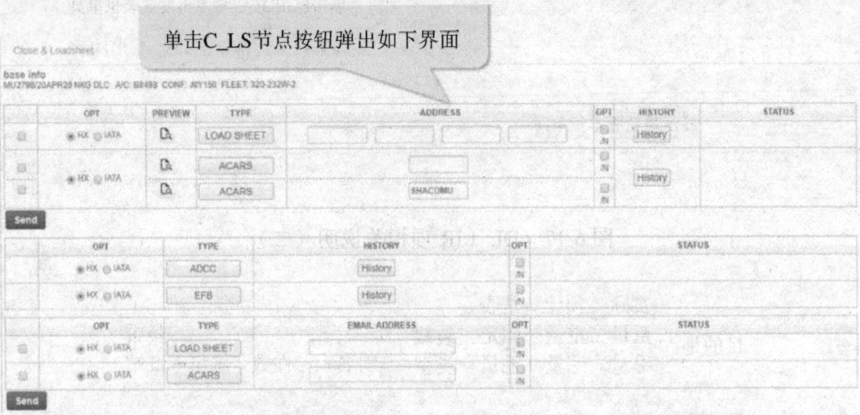

图 6-20 C_LS 项相关说明（二）

十、OTH_MSG

OTH_MSG 项相关说明如图 6-21 和图 6-22 所示。

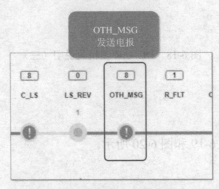

图 6-21 OTH_MSG 项相关说明（一）

第六章 计算机配载与平衡

图 6-22 OTH_MSG 项相关说明（二）

此外，还有 R_FLT（释放航班）、OFF_LIR（开具卸机单航班）、GOIR_REV（接收卸机单）等操作。

参 考 文 献

[1] 万青. 飞机载重平衡[M]. 2版. 北京：中国民航出版社，2015.

[2] 林彦，郝勇，林苗. 民航配载与平衡[M]. 北京：清华大学出版社，2011.

[3] 王益友，陈颖桦. 航空货运配载原理与操作[M]. 北京：化学工业出版社，2015.

[4] 老庄. 航空小知识：载重平衡的重要性[DB/OL].（2014-03-07）[2023-03-11]. http://www.360doc.com/content/14/0307/09/2283188_358432426.shtml.

[5] 周颂凯. 基于J2EE的航空货运配载系统设计与实现[D]. 成都：电子科技大学，2016.

[6] 王彩霞. 飞机配载管理系统的设计与开发[D]. 西安：西安理工大学，2008.

[7] 李秀平. 多航段航班的业载分配与装卸操作[J]. 空运商务，2007（6）：16-17.

[8] 张丽霞. 航空货运飞机装载问题研究[D]. 南京：南京航空航天大学，2012.

[9] 朱贺. 考虑重心位置的飞机装载优化问题的研究[D]. 北京：北京交通大学，2018.

[10] 贾旭颖. 民航货机装载优化模型的构建与实现[D]. 天津：中国民航大学，2018.

[11] 杨宗卫. 波音737NG飞机的载重与平衡[J]. 内燃机与配件，2020（16）：141-143.